TELEFONIA

INTEGRADA & NEGÓCIOS.

Miguel Ângelo Rodrigues do Sacramento e Sousa

Índice

Introdução

As primeiras manifestações de comunicação iniciaram-se a milhares de anos passados com os nossos antepassados. Os meios de comunicação primatas ou primórdios eram a comunicação interpessoal, onde era usado determinado código conhecido como língua ou linguagem, percebido por determinado grupo étnico, o fumo, o pombo, o correio humano. Com o passar dos anos propriamente dito, algumas invenções começaram a mudar os meios de comunicação e a encurtar as distâncias entre os humanos, sendo que os principais acontecimentos foram os seguintes;

 A necessidade de aquisição de especiarias pelos europeus disponível na India e por estarem barrados pelos arabes (Império Otomano), deu início a descoberta do caminho marítimo das Indias, que deveria contornar Africa. A descoberta do caminho marítimo da India iniciado por Don Afonso Henriques, no ano de 1400, abrindo a porta para o mal do trafego do escravo e a revolução industrial da europa, iniciada na Inglaterra, Alemanha e França cujo o objectivo era substituição do trabalho braçal dos escravos e maior produção para cobrir a demanda dos produtos, um dos efeitos provenientes da revolução industrial é a invenção das máquinas a vapor e posterior invenção da corrente eléctrica no ano de 1800.

De seguida deu-se o estudo da corrente eléctrica e aplicação na vida practica, aprimoramento da corrente eléctrica ou seja a invenção dos sistemas analógicos como a telegrafia (Telegrafo) e código morse e de seguida em 1866 a invenção da Telefonia por Alexander Flamming Bell, A substituição gradual dos sistemas mecânicos que funcionavam a vapor passaram a funcionar com corrente eléctrica eléctrica até os dias de Hoje.

Em 1942, com o Advento da Segunda Guerra Mundial é criado o primeiro Computador pelos Alemais e Americanos com princípio de funcionamento NUMA, e com Tecnologia de válvulas analogicas. O Objectivo da criação destes gigantescos Computadores foi devido ao cálculo estatístico militar e estudo das trajectórias dos projécteis.

Em 1944 nos Bell Labs é criado o Transitor, e em 1949 é criado o circuito integrado, lançando assim a era da electrónica digital actual.

Em 1969, no DARP, departamento de defesa Americano iniciaram o estudo para invenção do Sistema de protocolo TCP/IP, devido a necessidade da guerra fria com a Russia, de poder criar silos de contra-resposta de bombas atómicas que estariam todos conectados e caso cada um dos silos fosse destruido teria como se comunicar com os restantes silos. A denominação do projecto era ARP-NET no DARP e colaborado por Universidades Americanas. O Projecto ARP-NET foi precursor da actual INTERNET.

Em 1991, Tim Barner Lee, inventou a www e em 1990 é criado o primeiro navegador mozaic pelo NetScape e iniciado o advento da Internet. A colecção mundial de redes interconectadas.

Com a invenção da corrente eléctrica e suas aplicações, a invenção do telégrafo e dos correios iniciou a era da Telecomunicação. A Humanidade começou a ficar mais interligada e com maior intercâmbio de informação. Finalmente no ano 1866, com a invenção da Telefonia por Alexander Flamming Bell. A Humanidade começou a ficar mais próxima. A 66 anos atrás com invenção do TCP/IP pelo Departamento de Defesa dos Estados Unidos. O Planeta terra passou a ser uma grande aldeia global com advento da globalização, onde a informação está disponível ao alcance de um click.

Prefácio

Existem uns poucos livros e cursos que abordam sobre Telecomunicação, mas quase nenhum trata de telefonia e telecomunicação simultaneamente, e integração de toda a telefonia existente, e não existe nenhum que explica como desenhar produtos de telefonia, nem como efectuar negócio de telefonia. Como forma a ajudar na redução da pobreza, fornecendo um livro que logo a partida fornecesse uma profissão e ajudasse a criar produtos de telefonia, foi escrito o presente livro, fornecendo todo o meu desempenho de corpo e alma. Oxalá o presente livro possa cumprir com o objectivo pelo qual foi programado e ajude a melhorar a vida de milhares de pessoas em todo o mundo, fornecendo a possibilidade de criarem produtos e negócios com as ideias e conceitos desenvolvidos ao longo da obra. De realçar que a maioria das ideias foram de minha autoria. Espero igualmente desenvolver a comunidade de telefonia integrada a nível de Angola e mundial. Existe a comunicade de CTI (Computer Telephone Integration). O presente livro vai mais adiante e fornece um carácter técnico na componente de projecto ou seja na componente de projecto de implementação ou melhor, observação, desenho, implementação e configuração.

O Presente livro foca a componente de telefonia, uma das áreas da Telecomunicação, o uso do meio da telefonia e os equipamentos tecnológicos que intervêm não serão relacionados caso não seja necessário. Fornecer uma prespectiva de telefonia analógica, fornecer a perspectiva da telefonia digital, efectuar a interligação da tecnologia analogica antiga e a telefonia IP actual, descrever estratégias de implementação da telefonia IP, fornecer um ponto de vista sobre comunicação unificada (Telefonia, Fax, Correio electrónico, mensagem instantânea, vídeo conferencia), os serviços de telecomunicação que podem ser executados em determinada rede de computadores.

Apoiar no desenvolvimento de produtos de telefonia, apoiar no desenvolvimento de negócios de telefonia.

Actualmente as fontes de energia e as decisões tomadas neste sentido dominavam a forma de como a humanidade irá evoluir. Quanto maior a fonte de energia, mais produção e maior desenvolvimento e melhor adaptação das tecnologias a forma de energia.

TELEFONIA É UM SERVIÇO BÁSICO DA SOCIEDADE ACTUAL.

Resumo

O Presente livro reúne conhecimentos da telefonia dos últimos 200 anos, desde a invenção dos telefones e telefonia por Alexander Flamming Bell, do computador a válvula, do transístor, do DOS e popularização do Windows por Bill Gates, do Unix no Bell Labs por Ken Thompson e Dennis Ritchie e a invenção da linguagem de programação C por Dennis Richiee e C++ por Bjorn Strauttaup. A Reinvenção do Unix, por Tanembaum, a reformulação do Kernerl por Linux Torvalds e criação do Linux com nucleo monolítico, a invenção de centrais telefónicas Digitais, a invenção do Asterisk por Mark Spencer e criação da Digium, a revolução do mercado de Smartphones e a integração das velhas e novas tecnologias de Telefonia.

Objectivo fulcral do livro é criar material técnico cujo principal propósito é de servir como um guia técnico de orientação para implementação de qualquer sistema de telefonia e telecomunicação.

Sugestões, duvidas e críticas deverão ser enviados para o endereço electronico: sacramento.sousa@gmail.com

Memorando

Primeiro Capitulo

Inicia a descrição da telefonia analógica, aborda acerca da implementação da telefonia analógica e tecnologias associadas.

Segundo Capitulo

Aborda acerca da telefonia Digital e a implementação da telefonia digital, as possíveis interligações da telefonia digital e as tecnologias utilizadas.

Terceiro Capitulo

Aborda a cerca das tecnologias wan e o uso das mesmas para implementação da telefonia.

Quarto Capitulo

Aborda acerda do Hardware utilizado na telefonia em geral.

Quinto Capitulo

Aborda acerca das implementações de negócios de telefonia que podem ser implementadas fornecendo uma perspectiva comercial.

Objectivos

1. Descrever a historia e evolução da telefonia.
2. Descrever a tecnologia de telefonia.
3. Efectuar implementação de rede de telefonia analogica
4. Efectuar implementação de rede de telefonia digital
5. Fornecer conhecimentos técnicos para implementação de Sistemas de Telefonia analógica e digital.
6. Efectuar integração entre todos os canais de telefonia existentes, analogica e digital.
7. Descrever as diferentes tecnologias de telefonia existentes no mercado internacional.
8. Fornecer suporta para migração da tecnologia analógica para digital.
9. Descrever a tecnologia de telefonia predominante em Angola(Analógica).
10. Descrever as Tecnologias envolvidas em rede de Telecomunicação.
11. Efectuar integração entre as diferentes tecnologias de comunicação, a informática e a telefonia analogica e digital.
12. Ajudar a criar produtos e serviços de Telefonia.
13. Apoiar o surgimento de pequenas Empresas de Tecnologia de comunicação e informação.
14. Efectuar integração entre a telefonia IP e diversos Sistemas e produtos informáticos.
15. Apoiar no desenvolvimento de novos produtos de telefonia e comunicação unificada.

Capitulo I: Telefonia Analógica

História da Telefonia

Em 1849, Antonio Meucci, italiano, licenciado em Engenharia Quimica e Industrial e considerado por muitos como o real inventor do telefone, efectuou demonstração de um dispositivo capaz de transmitir a voz humana na cidade de Havana. Alguns anos mais tarde, em 1954, o mesmo Meucci fez uma nova demonstração de sua invenção, em Nova Iorque, onde havia imigrado, devido a perseguições políticas existentes no seu país de Origem. Outros inventores seguiam a ideia de construir um "telégrafo falante" e é assim que em 1860, o alemão Johann Philipp Reis, construiu um dispositivo capaz de transmitir voz baseado na ideia original de Charls Bourseul, que por sua vez, descrevia a construção de um tal dispositivo, em 1854, mas nunca chegou a construir um propotipo. Reis, tendo criado o protótipo, continuou a melhorar o invento e um ano mais tarde, efectou transmissão de voz a mais de 100 metros de distância.

As Controversias das patentes

Na altura existiam alguns telefones protótipos mas nenhum patenteado. Meucci, fez a primeira tentativa para patentiar em 1871, assinou um "aviso de patente ou patente provisória" mas por dificuldades económicas não conseguiu pagar para terminar o processo de patenteamento, e o seu "aviso de patentes" expirou alguns anos mais tarde. Meucci vendeu um prototipo do Telefone à Alexander Graham Bell.

Meucci, não prosperou porque sem a patente não poderia vender a invenção.

Em 14 de Fevereiro de 1876, Alexander Graham Bell, um escocês residente nos Estados Unidos, consegue patentear o dispositivo melhorado que Meucci vendeu-lhe, patenteou com o nome *"Improvements of Telegraph"* .Entretanto Meucci, processou-o em Tribunal mas durante o julgamento faleceu e o caso foi encerrado. Assim sendo, Alexander Graham Bell foi considerado por muitos anos como inventor do telefone.

A história diz que a primeira chamada que ele fez foi para contar ao seu assistente as famosas palavras " Mister Watson, come here, i need to see you" (Senhor Watson … vem aqui … eu quero vê-lo).

Um facto curioso que provocou muita controvérsia é que outro inventor chamado Elisha Gray, também tentou patentear uma invenção com o nome ", algumas horas depois de Bell. Os dois inventores entraram em uma conhecida disputa legal onde Bell finalmente venceu. Graças a patente de Bell, a ideia de fazer um telefone tornou-se num negócio rentável, criando assim a Empresa Bell. Bell é creditado por ter desenvolvido a ideia em algo practico para a sociedade.

Diz-e que em determinado momento, Bell tentou vender a sua patente para a Western Union por 100.000 Usd mas o presidente da Western Union, recusou considerando que o telefone "não era nada mais do que um brinquedo". Apenas dois anos mais tarde, o mesmo diretor da Western Union disse aos colegas que se pudesse obter a patente do Bell por 25 milhões de doláres consideraria uma pechincha. Isso dá-nos uma ideia de como o negócio de Bell começou a crescer. Em 1886, havia mais de 150 mil assinantes de telefone nos Estados Unidos. A partir dai, o telefone começou lentamente a transformar-se em um serviço básico da sociedade. "Elastix Unified Communication Vol I" | "www.telcomhistory.org"

A Evolução da tenologia de telefonia

Com o passar dos anos a tecnologia continuou a evoluir, carateristica dos avanços tecnológicos. Em primeiro lugar, para determinado assinante se comunicar com outro teria que pedir a chamada para um Operador que conectaria os cabos para alternar manualmente para outro ponto "Comutação manual de circuitos". Em 1891, Bell inventou um telefone "automático" que permitiu discagem directa. No começo a companhai Bell era quase exclusivamente a única a explorar o negócio de tecnologia por causa de suas patentens. No entanto, quando a patente expirou nasceram centenas de pequenas Empresas que começaram a fornecer o serviço, principalmente em área rurais, onde Bell não tinha chegado. Aos poucos, essas empresas começaram a crescer e como no início do seculo 20, como um todo tiveram mais assinantes que a própria Bell. " Elastix Unified Communication Vol I" | "www.telcomhistory.org"

A saudável competição fez com que a evolução da tecnologia acelerasse. Até o final da Segunda Gerra Mundial, onde o serviço de Telefonia tornou-se disponível para milhões de assinantes.

Em 1947, cientista do Bell Labs, inventou o transistor e mudou o curso da história humana. Em 1948 ganhou o Prêmio Nobel pelo seu trabalho. Na década de 60 foi lançada a primeira comunicação por satélite e as comunicações entre os continentes foram implementadas. Vale a pena dizer que isso não teria sido possível sem a invenção, antes do transistor.

Figura 1: Telegrafo falante

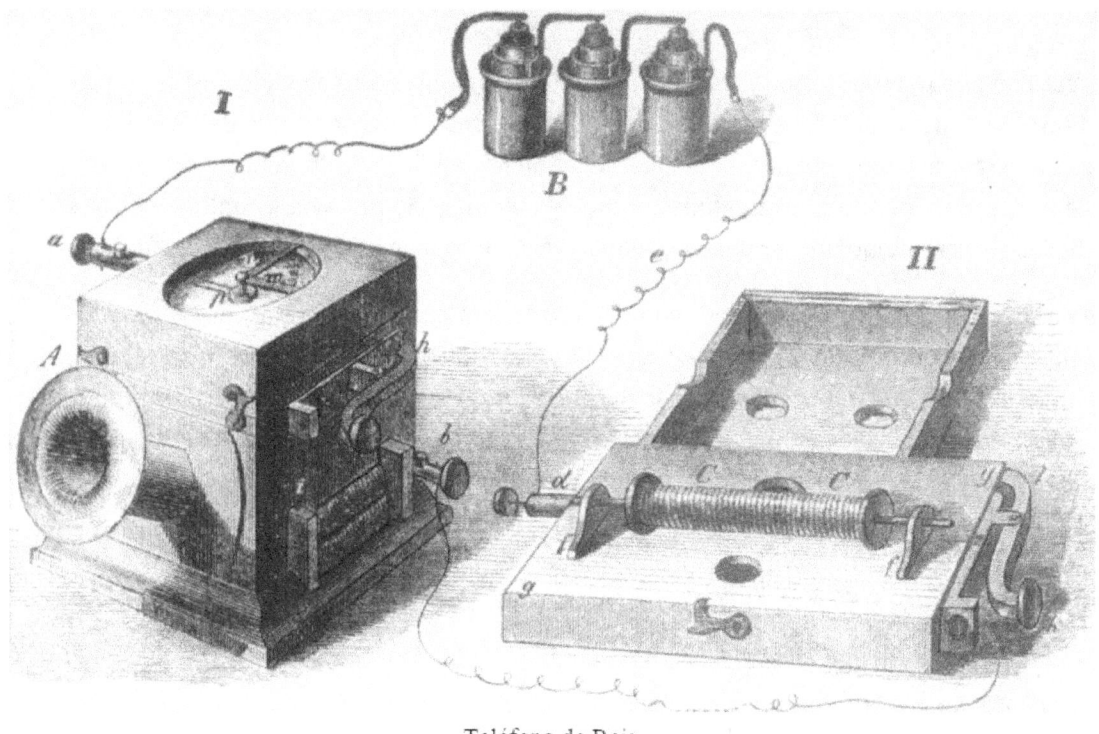

Teléfono de Reis

Um par de anos mais tarde Innocenzo Manzetti construiu o esperado "telégrafo falante"

Princípio e transmissão da voz humana

A voz humana compreende a ondas acústicas que viajam através do ar a velocidade do som, isto é equivalente à 1244 Km (ou 340 m/s), mais rápido do que um avião comerical mas isso não quer dizer que consiga comunicar rapidamente entre pontos geograficamente distantes com a faixa de frequência da voz humana, porque perde energia a medida que viaja. Apos alguns metros não conseguimos ouvir uma conversa.

A voz humana é, portanto, da mesma natureza que outras ondas acústicas e isto era conhecido antes da invenção do telefone. Antes da invenção do telefone também se sabia que existem outros tipos de ondas denominadas ondas electricas que podem ser transmitidas através de um condutor de metal, tal como o fio de cobre. Este segundo tipo de ondas é de natureza diferente que as ondas sonoras. As ondas electricas viajam a velocidade da luz cerca de 300.000 Km/s. Isso é mais do podemos imaginar quase que instantaneamente, esta onda de luz vai a lua e volta a terra em 7 segundos. Entretanto, podemos controlar a atenuação destas ondas e faze-lo percorrer enormes distâncias.

Com estes factos conhecidos em meados do seculo 19 é mais fácil entender que muitos perseguiram a ideia de transformar as ondas sonoras em ondas elétricas para permitir viajar a longas distancias, em seguida, através de condutores metálicos. O fucral seria inventar um dispositivo para fazer essa transformação e havia a questão chave. Este dispositivo, conhecido como um microfone em nossos dias é uma parte importante de qualquer telefone. "Elastix Unified Communication Vol I"

Faixa de frequências da voz humana.

Outra característica importante da voz humana é a modulação das cordas vocais numa vasta gama de frequência aguda a partir do intervalo de aproximadamente 20 Hz à 20 KHz. Permite toda uma gama de sons.

Isso faz-nos supor que um microfone deve ser capaz de capturar e transmitir a gama de frequências. No entanto, agora sabemos que para transmissão da voz humana não é necessário transmitir todas as frequências mas sim em menor escala e transmitir uma menor faixa de frequências para transmitir todas as frequências, transmitir em menor escala uma menor escala de frequências tem as suas vantagens, pois facilita a transmissão como discutido abaixo. Os telefones comerciais transmitem num intervalo de frequências entre o 400Hz a 40 KHz. Isto distorce um pouco a voz. É por isso que, quando ouvimos alguém ao telefone, a sua voz soa um pouco diferente do que na vida real mas ainda conseguimos entender a conversa.

O Microfone

O Microfone foi fundamental para invenção do telefone, é um dispositivo que permite executar a conversão de ondas mecânicas em ondass electricas. Existem muitos tipos de microfones que operam com princípios diferentes. Um deles, usado durante muito tempo foi a célula de carbono que consite de uma capsula cheia com grãos de carvão entre duas placas de metal. Uma placa que vai vibrando a medida que a corrente passa, desta maneira a resistência elétrica da capsula varia com a voz e gera um sinal electrico correspondente.

Figura 2: Primeiro Microfone.

Outro tipo comum de microfone é agora a bobina eletromagmentica dinâmica, consistindo de um conjunto de fios de cobre sobre um núcleo de material ferromagnético. Este núcleo está ligado a um diafragma que vibra com a pressão de ondas de voz. Deste modo induz uma ligeira corrente electrica na bobina, que é então amplificada dentro do telefone.

Figura 3: Microfone Eletromagnetico.

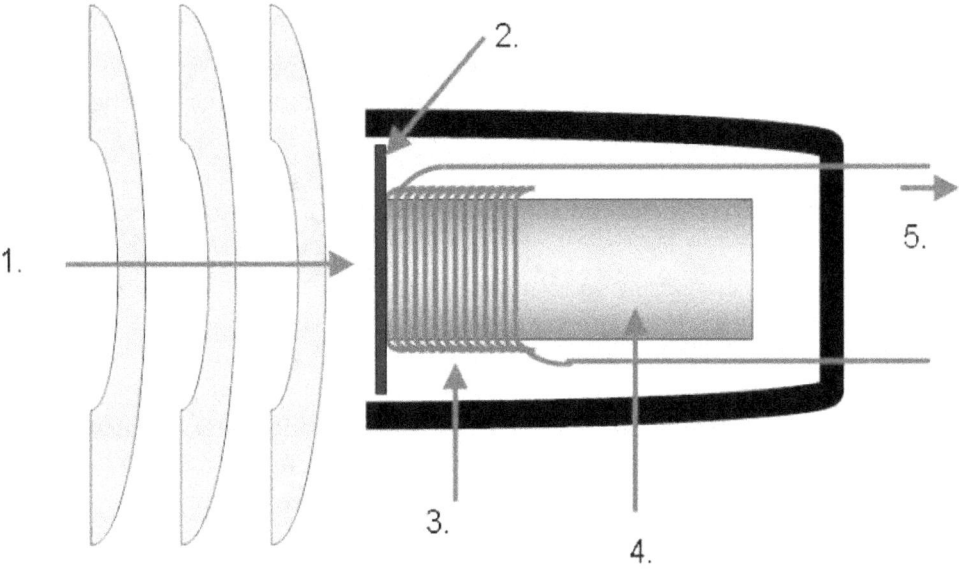

Diagrama esquemático de micrófono electro-magnético

Na figura acima, podemos ver alguns componentes do microfone electromagnetico reagindo a estímulos de onda de voz.

1. Ondas de voz
2. Diafragma
3. Bobina
4. Fio de cobre
5. Corrente induzida.

Largua de Banda e capacidade de informação

Largura de banda é um termo um pouco difícil de entender no início, porque é um conceito bastante amplo.

Em geral, podemos dizer que a largura de banda é uma medida de quantidade de informação que poder ser transmitida por meio de unidade de tempo.

Por se tratar de uma medida por unidade de tempo, muitas vezes faz-se uma analogia com a velocidade mas tenha em atenção para não confundir.

Medidas comuns para expressar a largura de banda e a velocidade são os bits por segundo. A largura de banda é um termo muito importante quando se fala em telefonia como comunicações em tempo real requerem uma largura de banda mínima garantida para entregar a comunicação de qualidade ao destino.

Digitalização da Voz

As Rede digitais de transmissão de voz e dados são comuns actualmente. Foram criados com certas vantagens em relação as redes analógicas, como o sinal que retem quase constante ao longo do seu comprimento. Isso significa que é mais estável, que a comunicação afectada por factores externos, tail como o ruido electrico. Também nos fornece métodos para verificar de quando em quando a integridade do sinal entre outras vantagens.

O processo de amostragem é a conversão da amplitude do sinal analógico em respetivo binário.

Teorema de Nyquist

Em 1928, Henry Nyquist, Engenheiro Suiço a trabalhar nos laboratórios AT&T, resolveu o dilema sobre construção da réplica de um sinal orignal.

O teorema proposto, dizia que é necessário pelo menos o dobro da largura de banda e taxa de amostragem do sinal original. Isso se reflete em uma melhor maneira com a seguinte expressão: fm ≥ 2 BWs

Efectuaremos um cálculo mental sobre o que seria a frequência de amostragem para converter um sinal de voz humana em digital e, em seguida, reconstrui-lo no destino.

A voz humana é compreensível o suficiente para transmitir a faixa de frequência de 400 Hz e 4000 Hz. Portanto, de acordo ao teorema de Nyquist deve ser amostrado pelo menos duas vezes a frequência mais alta, ou seja 8.000 Hz. Então chegamos a conclusão que a frequência de amostragem é de 8.000 Hz, que é usada na maioria dos codecs.

Redes Orientadas a Circuitos

As redes orientass a circuito (Circuit Switched) são aquelas que estable um circuito dedicado entre nós dedicado para que os usuários possam se comunicar.

Uma vez que o circuito é establecido entre dois pontos que desejam se comunicar, o resultado é essencialemtne equivalente ao fisicamente ligar um par de fios de uma extremidade para outra. Uma vez ligado, o circuito não pode ser utilizado por outras pessoas.

Em cada circuitio, o atraso é constante, o que é uma vantagem. No entanto, este tipo de rede é cara, devido ao facto de que você precisa de um circuito dedicado para cada assinante.

Este tipo de rede é tradicionalmente utilizado por empresas de telefonia em todo o mundo e é semelhante ao que a Empresa Bell usou no começo, obviamente correspondente a distância tecnológica.

É comum que as pessaos confundam algumas redes de circuitos com redes analógicas mas é necessário esclarecer que as redes orientadas a circuitos podem igualmente transportar dados.

Rede Orientadas a Pacotes

A Rede de pacotes é uma rede para onde simultaneamente transitam diferentes fluxos de informação. Para fazer isso, divide cada fluxo de trafego de informação em pedaços ou pacotes e envia intercaladamente. Em seguinda, no destino, os pacotes são reagrupados para reproduzir a mensagem inicial.

Devido a forma de transmissão dos pacotes de IP, em fluxos de informação diferentes, como exemplo possuímos a internet, onde possuímos a inclusão de todo o tipo de informação, texto (ASCII ...), Imagens , Voz e Video. Neste tipo de rede pode circular simultaneamente fluxos diferentes de informação para destinos diferentes ou endereços IP.

Ao contratio das redes orientadas a circuitos. As redes orientadas a pacotes a largura de banda não são fixas, pois depende de trafego de rede em determinado momento. Para além disso, cada pacote com o mesmo fluxo de informação não é obrigado a seguir o mesmo caminho para que os pacotes gerados originalmente em sequência podem chegar fora de ordem ao seu destino. Tais factores são importantes quanto a consideração quando a voz viaja sobre uma rede de pacotes onde pode afectar a qualidade de chamada, causando assim o efeito de jitter.

Redes orientadas a pacotes tornaram-se populares, principalemente porque optmizam recursos devido a ser capaz de utilizar os mesmos meios para enviar múltiplos e diferentes fluxos de informação.

Rede Publica Telefonica (PSTN)

Public Switched Telephone Network ou PSTN é essencialmente uma rede baeada em circuito. Esaa rede abrange tanto telefonia fixa e móvel e é a rede que nos permite comunicar com qualquer pessoa em nossa cidade ou a redor do mundo.

Originalmente é uma rede analógica, mas actualmente a maioria é digital, formando assim um hibrido entre analógico e digital.

Circuitos Analogicos

Circuitos analógicos são geralmente pares de cobre que vêm para assinantes de telefone e onde o sinal electrico é transmitido a voz analógica. O mesmo circuito, adicionamente, transporta a sinalização necessária para estabelecer, manter e terminar uma chamada. Estes circuitos analógicos têm que ser ligado a um comutador de telefone responsável por dirigir a comunicação entre assinantes.

Circuitos analógicos estão em declínio, pois as companhias telefónicas, tem encontrado muitas vantagens em comunicação digital e é por esta razão que, embora hoje ainda vemos circuitos analógicos está é apenas a "ultima malha". Em um ponto na presente comunicação, a rede de telefonia é digitalizada e transmitida a uma central telefonica digital.

Circuitos analógicos comumment estão associados ao termo "telefonia tradicional". Como no passado, era mais comum que móveis pudessem ser localizados em áreas rurais, onde a energia elétrica não chegou, à rede telefônica decidiu prover certa tensão. É por isso que alguns modelos não precisam de telefones analógicos conectados à fonte de alimentação.

Em qualquer caso, o CO (Central Office) gera 48 volts de corrente contínua para alimentar os telefones dos assinantes. Usando rigoroso léxico deve dizer -48 volts, porque esta tensão é medida em relação a um dos condutores

Sinalização Analogica

Para chamada de telefone funcionar correctametne, você precisa ter sinais electricos que permitem a troca de informação entre o assinante e a Central Telefonica. De seguida veremos quais são os sinais mais comuns. Existem basicamente três métodos de sinalização analógica que a indústria tem desenvolvido ao longo dos anos. Estes são chamados start loop Inicio solo e kewlstart. É importante quando a criação de um telefone que esta conectado a uma linha analógica que pode escolher o método de sinalização adequada, pois caso contratio, podem ocorrer problemas relacionados com a linha para travar inesperadamente ou não pode suspender-se convenientemente, entre outras coisa.

A diferença entre o início de loop e início do solo é a maneira pela qual o telefone requer o tom de discar para a Central Telefonica (também chamado de processo de apreensão). Chão início pouso requer o tom de discagem (daí o termo solo), um dos condutores da linha telefônica while não começar a fazer um curto-circuito entre os dois condutores (ou seja, a criação de um loop ou loop).

Kewlstart é uma evolução do start loop que adiciona um pouco de inteligência para detectar desconexões (pendurado na chamada), mas basicamente ainda uma start loop.
Porque começo terreno não é muito comum hoje em dia, geralmente vamos usar start loop.
Vamos explicar mais detalhadamente o sinal analógico para os eventos mais comuns. Para fazer isso, vamos construir sobre o progresso de uma chamada típica usando start loop de sinalização. O progresso de uma chamada pode ser dividido em seis níveis: gancho (no gancho), gancho, discagem, switching, ringado e conversa.

Sem Linha

Enquanto no Gancho, a Central Telefonica fornece uma tensão DC de 48 volts. O telefone mantem um circuito aberto com a linha telefonica que está agindo como se não estivesse ligado e, portanto, nenhuma corrente flui através da linha. Este estado é também conhecido como On-Hook (No Gancho).

Com linha

Quando o usuário pega o monofone do telefone envia um sinal para a Central Telefonica. Este sinal é para fechar o circuito, isto é, o telefone internamente interliga os dois linha telefonica através de uma resistência. A Central telefonica basta receber este sinal envia um tom de discagem para o telefone. Este tom de discagem diz ao assinante que já pode discar o número de destino. A maioria do tom de discagem latina consiste em duas odnas senoidas enviadas simultaneamente. Estas ondas são 350 Hz e 440 Hz, o tom de discagem da Europa consitem em uma única onda de 425 Hz, mas há países em que esses valores variam.

Marcação

O mostrador pode ser pulsada ou tom. Pulsos são raramente usados e eram populares nos dias de telefones rotativos. As cores são pares de frequências associadas com os dígitos de telefone. Estas frequência são transmitidas para a central telefonica que se traduz os tons em números explicados mais tarde a conversão dos tons em números no DTMFs.

Comutação

Depois de receber os dígitos, a central telefonica tenta associar esses números marcados com o circuito do assinante. No caso do receptor não seja um assinante local, indenpendentemente do local envia a chamada para outra central telefonica para encaminhamento.

Tocar o Telefone

Uma vez que o objectivo da Central Telefonica é tentar chamar o assinante. A campanhia é uma onda senoidal de 20 Hz e amplitude de 90 volts.

Nota: Se fomos observadores devem ter notado que o sinal anel tem uma amplitudo considerável de 90 volts. Possui um componente adicional de tensão de comutação de circuito de 48 Volts. É por esta razão que se pode manipular fios de telefones no preciso momento em que chegar o sinal de toque pode receber um pequeno choque electrico e causa susto.

Além do sinal de toque que envia a Central Telefonica, o destinatário também envia uma notificação para o autor da chamada. Este sinal sonoro é chamado de anel de volta e consiste de duas ondas senoidais sobrepostas de 440 Hz e 480 Hz Estas ondas são intercaladas com

Períodos de silêncio.

No caso de o destinatário já estar em uma chamada ativa, em seguida, em vez de ring-back retorna um sinal de ocupado para o originador da chamada. Este tom de ocupado constituído por duas ondas senoidais sobrepostas de 480 Hz e 620 Hz intercaladas com períodos de silêncio meio segundo.

Todos os leitores, sem dúvida, ter ouvido o anel de volta e tom de ocupado em algum momento de suas vidas.

Conversação

Se o destinatário decide responder à chamada, o telefone perto do circuito do telefone (tal como aconteceu com o telefonema originado no estágio de gancho). Este sinal informa o OC (Central Telefonica) destinatário decidiu responder e completar a conexão. O telefonema é finalmente em curso.

DTMFs

Muitas vezes é necessário o envio de dígitos através de sua linha telefonia para ambos marcar como no meio de uma conversação. Para esta finalidade, os sinais DTMF. DTMF é a sigla em ingles para Dual-Tone Multi-frequency. Isto significa que cada DTMF é, na verdade dois tons misturados simultaneamente enviados através da linha telefonica. Isto é feito para minimizar os erros.

Figura 4: Pares de frequências para cada dígito.

	1209 Hz	1336 Hz	1477 Hz	1633 Hz
697 Hz	1	2	3	A
770 Hz	4	5	6	B
852 Hz	7	8	9	C
941 Hz	*	0	#	D

Como pode ser visto na tabela também existe correlação para * e #, bem como para os caracteres A, B, C e D.

O Telefone Analogico

É importante falar sobre este importante componente da rede de telefonia como lembre-se que esta invenção foi o que marcou o desenvolvimento do negócio de telefonia. Também o telefone analógico ainda é importante para falar porque ainda é o tipo de telefone mais comum no planeta e entender a sua operação permite-nos entender alguns factores no futuro como alguns conceitos chave como o eco.

Na verdade, o telefone, na sua forma mais básica, é um dispositivo simples, composto de poucos componetes.

1. Handset
2. Microfone
3. Ligue para On / Off Hook
4. Conversor de dois para quarto fios (Também chamado de hibrido)
5. Marcardor (Discador)
6. Tocando o sinal ou dispositivo

Figura 5: Telefone Analogico

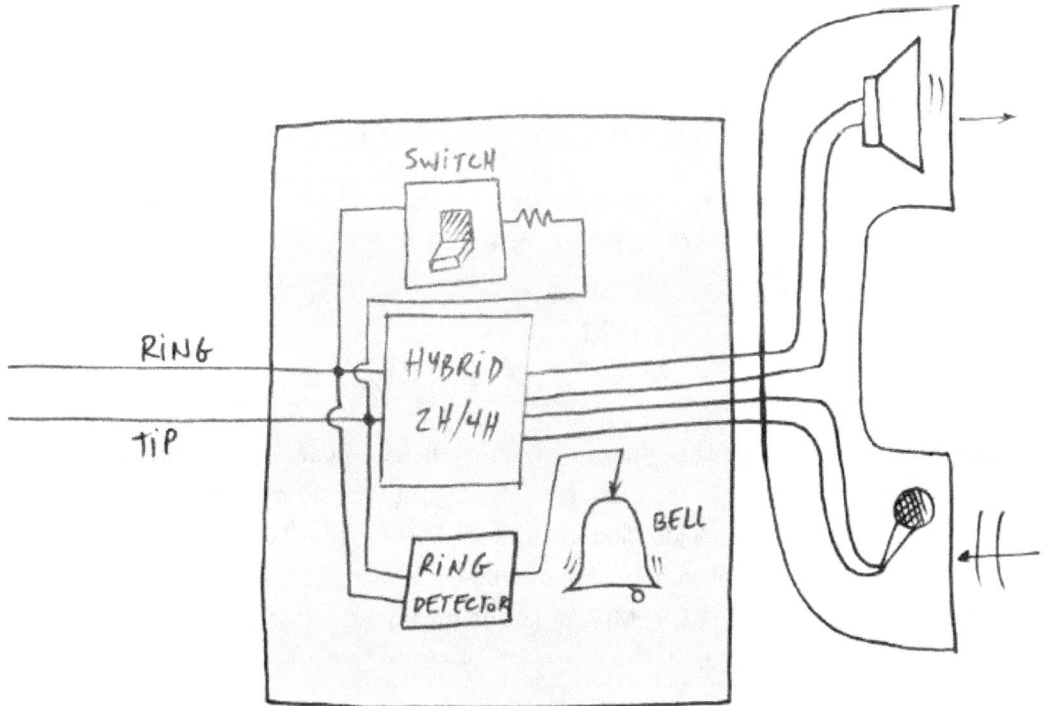

A maioria dos componentes são auto-explicativos. No entanto, alguns podem perguntar o que é conversor 2-4 threads?

Conversor de 2 à 4 Fios.

Uma componente importante de um telefone é a unidade de dois para quatro fios, também conhecido como dispositivo 2H/4H, ou serpentina hibrido simplesmente hibrido. Este dispositivo é necessário para separar o sinal de áudio vindo dessa maneira porque eles são dois participantes de uma conversa existe apenas um par de fios para isso. Se houver três ou quatro fios (nos dois sentidos e 2 a vir) conversor 2-4 fios não são necessairos, mas isso provavelemtne aumentaria o custo de fiação e telefone das empresas e preferiam lidar com os problemas que este acoplamento conversor introduz em vez de aumentar os seus custos.

Em geral, 2-4 conversor fio perfeito, pois é muito difícil separar os sinais de volta redonda completamente. É por isso que este dispositivo tem sido historicamente uma das causas de linhas telefônicas ruins eco acoplada.

Circuitos Digitais

O PSTN também serve aos seus assinantes com circuitos digitais. Estes circuitos oferecem a vantagem de multiplexagem mais de uma linha no mesmo meio de modo a que seja atraente para os assinantes, necessita de um grande número de linhas telefónicas, geralmente empresas.

Base DS-0

Para coloca-lo simplesmente, DS-0 é um canal digital de 64 bit/s. Um DS-0 é, por conseuinte, um padrão de medição de canal ou uma unidade que serve para definir circuitos múltiplos superiores como discutido abaixo.

Circuitos T-carrier y E-carrier

Circuitos T-Carrier (ou Carrier-T) foram concebidos como nomenclatura para circuitos digitais e multiplexados foram desenvolvidos pelo Bell Labs a mais de 50 anos. Circuitos de E-Carrier são o equivalente europeu. O mais conhecido dos circuitos T-Carrier é o T1 popular (e sua contraparte E1), T1 é um circuito digital composto por 24 DS-0, enquanto E1, corresponde à 32 DS-0, feita as contas T1 é trafego de 1.544 Mbit/s, enquanto uma E1 corresponde à 2.048 Mbit/s.

Multiplos de T1, são T2, T3, T4 e T5.

SONET (Rede de Fibra Optica Sincrona) foi desenvolvido com o obejctivo de ter uma nomenclatura semelhante ao T-transportador, mas utilizando a tecnologia de fibra Optica.

Uso múltiplos SONET T3, as suas larguras de banda se baseia em circuito chamado OC-1

Multiplos de OC-1, OC12, OC24 e OC-48 entre outros.

Protocolos de Sinalização Digital.

Protocolos de sinalização são utilizados para transmitir informação de estado de canal de comunicação (como "Offline"; "toque"; "respondeu"), controlar a informação e outras informações como o DMTFs, identicador de chamadas e muito mais protocolos de sinalização podem ser agrupados em dois tipos denominados CAS (Canal Associatede Signaling) e CCS (Sinalização por canal Comum).

A diferenca é que enquanto a sinalização CAS, transmitido no mesmo canal no qual a informação viaja, CAC transmite num canal separado. Devido a este fato é que a CAS é ligeiramente reduzida largura de banda disponível ou útil para a comunicação porque parte dela estando sendo usado para sinalização. Essa é uma razão pela qual as empresas de telefonia têm adotado principalmente CCS.

Nota: Não confundir o leitor com o CAS e CCS protocolos de sinalização. Assim únicos tipos de protocolos são explicados aqui para faciliar a categorização ou agrupá-los.

Sinalização associada ao Canal

Os mais conhecidos protocolo CAS é roubado bits e é usado em circuitos T1 e E1 em todo o mundo.

Decisão roubaram-bit (ou "rouba", daí o nome), o oitavo bit de cada canal comunicação a cada seis quadros e é substituído por informações de sinalização. O bits original roubado é simplesmente perdido.

Deve notar-se do que precede que isto é possível porque a expressão não é muito sensível para dizer que a perda de bit de informação, uma vez que é o bit menos significativo. Mas, quando o transporte dos dados de perda bits não pode ser ignorado e a qualidade da transmissão degrade apreciavelmente.

Outro protocolo CAS, que ainda existe hoje é R2. É um protocolo que foi popular nos anos 60. R2 é, na verdade, uma família de protocolos onde cada aplicação é chamada de "variante". Existem variações, dependendo do país ou mesmo a empresa de telefonia que oferece.

Existe implementação do protoco R2 para Asterisk com o nome de Projecto OpenR2.

Sinalização de Canal Comum(CCS)

ISDN (Integrated Services Digital Network) nos permite transmitir voz e dados simultaneamente, através de pares de telefone de cobre superior as linhas de telefone analógico.

O Objectivo era facilitar as conexões ISDN digitais para oferecer uma ampla gama de serviços integrados para os usuários. RDIS proporciona dois tipos de interfaces para cumprir esta finalidade.

BRI: Basic Rate Interface

PRI: Primary Rate Interface.

BRI foi destinado a familias. Um canal 2-BTI assumido útil (também chamado canais B) de 64 Kbis/s cada, além de um canal de sinalização de 144 Kbit/s.

BRI foi chamado para ser um padrao popular em casas, mas que não era nada e teve muita pouca aceitação neste segmento de mercado nos estados unidos. Na Europa a situação era diferente e é usado em muitos países deste continente. PRI é a escolha para os usuários maiores, como empresas ou empresas mais canais podem ligar. Actualmente, ele é muito popular e transmitida através de circuitos T-Carrier e E-Operadora.

Referencias

Elastix Unified Communication Vol I e Vol II

www.telcomhistory.com

Telefonia Analogica & LAN

A LAN da Rede de Telefonia analógica é constituída por interconexões, central telefonica e telefones analógicos. A maioria dos telefones existentes são analógicos e as redes de telefonia analógicas são as exaustivamente mais abundantes.

Constituição da Rede Analógica.

<u>Interconexões;</u> São todas as conexões que seguem desde a tomada de rede, passa pelas paredes ou calhas e termina no patch panel. As interconexões incluem a tomada de rede RJ 11, a cablagem (Cat 1, Cat 3, Cat 5, Cat 5e, Cat 6 e Cat 6 e), o patch Panel onde existe a terminação e patch cord que interliga o patch panel à central telefonica analógica.

As interconexões vao interligar de forma dedicada determinado telefone e a porta disponível na Central Telefonica.

<u>A Central Telefonica ou PBX Analógica;</u> é o dispositivo responsável pela comutação de circuitos de determinados telefónicos existentes na Intranet e pela recepção de chamadas que entram provenientes da rede PSTN e encaminhamento das chamadas provenientes do interior da LAN para a PSTN do ISP onde são encaminhadas para o destino correcto.

<u>Telefone Analógico;</u> O Telefone analógico pode ser mecânico ou electromagnético é alimentado por uma voltagem de 48 Volts proveniente da central telefonica, o objectivo do telefone analógico é converter as ondas acústicas em sinal eléctrico e enviar o sinal para a central telefonica que será responsável pelo comutação do sinal para o destino ou seja o numero de destino.

Elementos das Interconexões

<u>Tomada de Rede RJ 11;</u> Normalmente está tomada de rede é colocada na parede junto ou ao lado do terminal telefónico.

Figura 7 : Tomada de Rede RJ 11

Cabeamento

Os Cabeamento das redes telefónicas analógicas normalmente são efectuados com os cabos; cat 1, cat 3 e cat 5.

O Cabeamento interconeta o ponto de rede e vai por calhas fora ou com rosso dentro da parede até a sala técnica e termina no patch panel.

Patch Panel.

É o elemento de terminação dos cabos vindos das tomadas de rede, as redes analógicas de telefonia e redes ip partilham este mesmo elemento de finalização da interconexão.

Patch Cord.

É o cabo de rede que poder ser cat 1, 3 e 5 . O objectivo deste cabo é efectuar a interconeção entre o patch panel e a central telefonica.

Pergunta

Qual é o funcionamento da transmissão de sinal de um telefone para outra e procedimento que cumpre ao passar pela central telefónica?

Transformação do sinal de voz acústico em sinal electrónico, transmissão pelo cabo de cobre.

Procedimentos.

1º Passo; Conversão do sinal acústico para sinal eléctrico.

2º Passo; Passagem do sinal eléctrico pelo cabo de cobre e entrega na central telefonica.

3º Passo; O Sinal eléctrico vai acompanhado do sinal DTMF (Combinação de letras e numero ou numero que determinado significado na programação da central telefonica) ou seja a central telefonica possui um esquema com o número de todas as centrais que deve receber e efectuar chamada telefonica.

4º Passo; Devido a comutação de circuitos a central telefonica reconheci a chamada de outro telefone e a posterior conecta os dois telefones envolvidos na comunicação e estabeleci e mantem o canal de comunicação aberto.

5º Passo; Ao terminar a chamada no botão Off ou no botão desligar dos telefones analógicos, que funciona como um interruptor, o telefone envia um sinal de termino do canal de comunicação e a comunicação entre os dois extremos é encerrada.

Telefone Analogico
Constituição do Telefone Analogico.

- Microfone
- Speeker
- Marcador

Objectivo principal do Telefone Analogico

Conversão do sinal acústico em eléctrico e envio do sinal pelo par de cobre até a central telefonica analógica que processa o sinal.

Caso Practico/Implementação de Telefonia Analogica.

Implementação de projecto telefonia Tradicional/Analógica

No presente caso practico iremos efectuar o desenho do projecto para uma empresa fictícia denominada ABCD Lda. A infra- ABCD Lda, está constituída por uma recepção, uma sala de reunião, um sala técnica, departamento de recursos humanos, uma sala do departamento de informática, uma área do departamento de finanças, contabilidade, sala ou área do Director Geral e uma sala Técnica. Realço que a maiorida das redes de voz é analógica, pois são as redes mais antigas e funcionam até os dias de hoje.

Desenhar, implementar e configuar uma rede analógica.

Como efectuar o projecto na vida real:

Fases do Projecto:

1. Primeira fase: Desenho do Projecto
2. Segunda Fase: Implementação do Projecto
3. Terceira Fase: Configuração dos activos.
4. Quarta Fase: Testes

Primeira fase: Desenho do Projecto

Primeiramente solicitamos a planta de infra-estrutura, se a infra-estrutura não possuir uma planta devemos efectuar o levantamento da infra-estrutura, para o efeito é necessário possuir uma fita métrica, caderno, um lápis ou esferográfica.

Para cada área devem ser retirados dois paramentos a largura e comprimento. Faz-se o desenho de toda a área da superfice e colocamos o desenho numa folha A4 ou folha de papel.

Após efectuar o desenho em folha de papel, temos de usar um software de desenho, possuímos varias alternativas como o Software Comercial o Microsoft Office Word, excell ou powerpoint, Visio ou Autocad (é muito caro para efectuar um projecto desta especificidade).

Como alternativa ao software comercial possuímos o software Open Source, o Open Office, o GIMP e o FreeCad.

Neste momento não estamos preocupados em efectuar as configurações do nosso Telefone mas sim em construir desenhar o projecto inicial.

Devemos falar com alguém ligado a distribuição do espaço funcional, arrumação de mesas no escritório para verificarmos onde exactamente ira ficar o ponto de rede e o telefone. O Ponto de rede não deverá ficar em local de trânsito ou publico.

Normalmente o Ponto de rede do Telefone é colocado em ponto sem transito ao pé da mesa em local que futuramente não interfirá com a distribuição funcional do site.

Deverá verificar a posição da mesa, normalmente o mobiliário é instalado inicialmente mas atenção que o projecto de telefonia faz parte de infra-estrutura básica ou melhor dizendo no melhor dos cenários o ideal seria incluir a telefonia na infra-estrutrura básica mas como a telefonia analogica está ultrapassada mais a frente abordaremos que preferimos usar a telefonia IP, baseado na comutação de pacotes.

Para desenhar o projecto de telefonia optei por utilizar a Microsoft visio 2007 para efectuar o projecto de telefonia mas poderá escolher o software que estiver ao alcance.

No nosso projecto deveremos possuir:

- A descrição da lista de equipamentos necessária.

Quantidades de Telefones e distribuição por áreas:

- Um Telefone para recepção.
- Um Telefone para sala de reunião.
- Um telefone para o Departamento de Recursos Humanos.
- Um telefone para o Departamento de contabilidade e finanças.
- Um telefone para o Director Geral.
- Dois Telefones para a área de Engenharia.

Total: 07 Telefones

Uma Central Telefonica Analogica com interfaces suficientes para todos os telefones.

A Soma dos metros lineares dará para efectuar uma previsão dos metros lineares necessários.

A Quantidade de tomadas de rede igual ao número de telefones.

Um patch panel para interconexões do telefone.

Os Patch Cords a multiplicar por dois, porque serão necessários no Patch Panel e na ligação para o Telefone.

A Fonte de Alimentação da Central Telefonica consome normalmente 450 watts de potência de corrente eléctrica. Deveremos efectuar contas de quantas horas pretendemos que os nossos telefones funcionem. Se coloarmos uma UPS de 1000 Watts a central telefonica poderá trabalhar por volta de uma hora. Se dobrarmos essa quantidade de watts a central telefonica ira trabalhar o dobro e por ai além. Não esquecer que a UPS deverá ser configurada para trabalhar com as voltagens correctas, e deverá ser configurada tendo em conta que a nossa corrente eléctrica é muito instável.

Para além de uma UPS devemos colocar um transformar e estabilizador de corrente para poder estabilizar a corrente eléctrica que a UPS recebe para que possa carregar as baterias.

De salientar que o transformador estabilizador de corrente deverá estar alinhado a voltagem da UPS para poder enviar a quantidade de corrente suficiente.

As ligações externas ou canal externo associadas, as ligações externas normalmente estão associadas a rede PSTN Fixa ou Móvel. Em Angola a rede PSTN Fixa é fornecida pelos ISPs Angola Telecom e MS Telecom. A Telefonia Movel é fornecida pela Unitel e Movicel. No caso da PSTN da Telefonia Fixa, solicitamos um número de telefone fixo e a conexão do provedor da central provedora (Local Loop em inglês) mais próxima até as instalações do requisitante. Na Telefonia móvel não está associada telefonia analógica mas sim telefonica IP ou VoIP que será abordado adiante.

Figura 8: Desenho do Projecto de Telefonia.

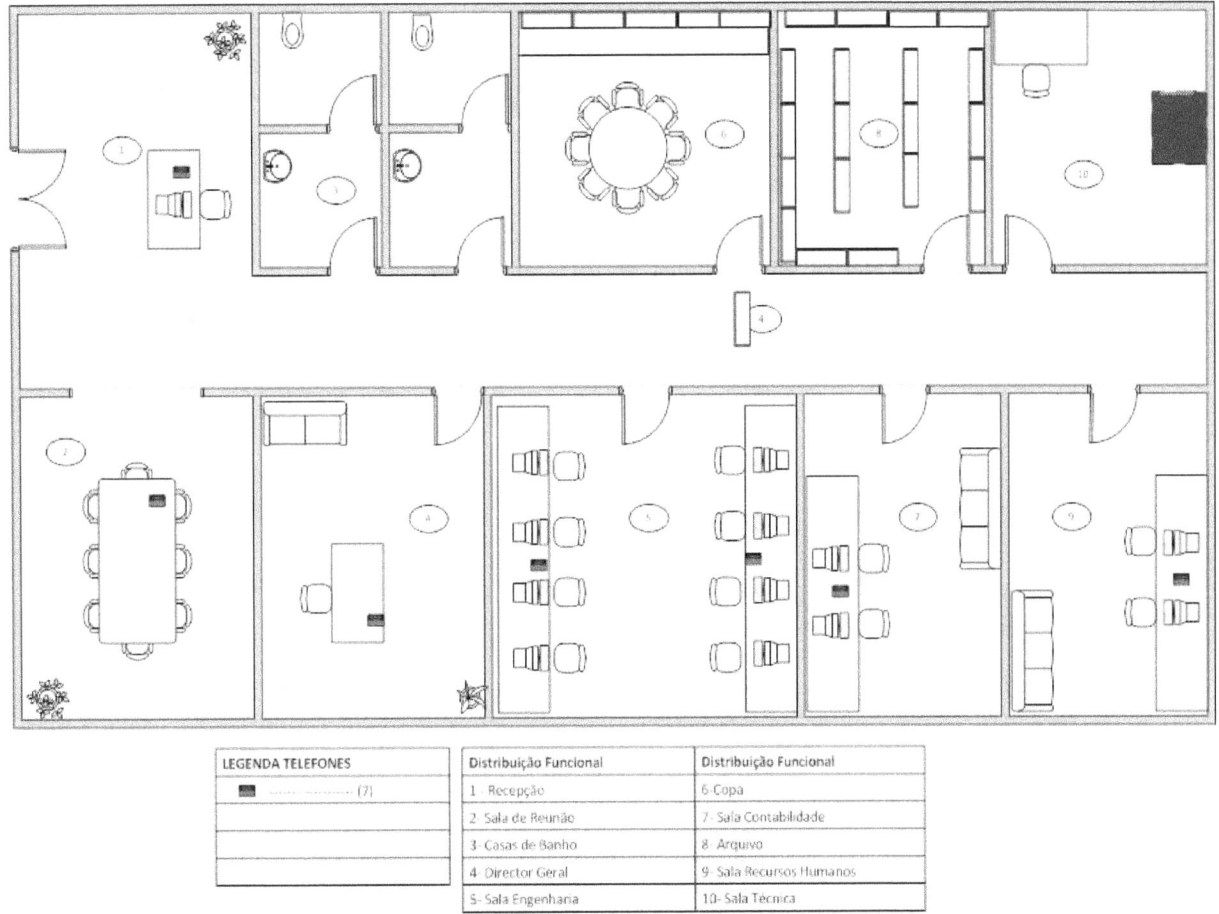

LEGENDA TELEFONES	Distribuição Funcional	Distribuição Funcional
■ .... (7)	1- Recepção	6-Copa
	2- Sala de Reunão	7- Sala Contabilidade
	3- Casas de Banho	8- Arquivo
	4- Director Geral	9- Sala Recursos Humanos
	5- Sala Engenharia	10- Sala Técnica

Segunda Fase: Implementação do Projecto.

Na segunda fase deveremos possuir uma equipa de operadores de cabo disponíveis para manusear a cabelagem.

Cenario 1

Construção definitiva, de acordo ao cliente temos a alternativa de usar calhas ou tubo de alumínio com tubo flexível para as curvas, caso as instalações estiverem em produção ou partimos paredes caso a instalação não estiver em produção. Neste exemplo serão usadas calhas para passar a cablagem desde a terminação dos pontos de rede de telefones para o patch panel.

A Cablagem deverá passar pelas calhas e ir directamente para o tecto e a posterior passar por esteiras de cablagem.

Serão passados segmentos de rede de telefonia de acordo ao número de telefones desde o ponto de rede até o Patch panel.

Pergunta:

O que é um segmento de rede?

Um segmento de rede é uma interconexão que percorre o caminho entre a tomada de rede e o PatchPanel.

Ferramentas necessárias

Normalmente são necessários os crimpadores de pontos de rede, testadores de sinal, certificador de sinal, berberquim, buchas e parafusos.

Procedimentos de Instalação

Os procedimentos de instalação de qualquer rede de comunicação estão simplificados nos seguintes sete passos:

1. Primeiramente colocasse a calha na parede aparafusada com buchas e parafusos.
2. Passamos o cabo na calha e pela esteira no tecto e vai terminar no Patch Panel.
3. Prendemos a tomada de rede na parede e crimpamos a interconexção com o padrão de Cat 11.
4. Passamos todas as calhas e crimpamos todas as tomadas de rede.
5. No final crimpamos o Patch Panel com todas as terminações vindas dos pontos de rede.
6. Após efectuarmos a crimpagem, efectuamos a certificação da rede e verificamos se todos os pontos de rede estão funcionais.
7. Paralelamente a certificação da rede efectuamos nomeação dos pontos de rede de telefonia.

OBS: O Trabalho de implementação é extremamente físico e caminha pelos parâmetros acima referenciados, este trabalho deverá ser efectuado por técnico de hardware, técnico de rede devidamente certificado, para garantir que a rede funcione futuramente. A rede é o elemento fulcral do sistema de Telefonia.

Após conclusão dos passos acima referenciados terminamos a instalação da nossa infra-estrutura de rede.

Cenário 2

No cenario 2, as instalações físicas estarão a ser construída e a cablagem de telefonia passara por roços dentro da parede e a posterior ira seguir todos os parâmetros acima referenciados.

Conclusão da Segunda Fase

Nesta fase foram concluídas as interconexões entre as tomadas de rede e o patch panel, as tomadas de rede foram interligadas com apoio do patch cord. A rede foi certificada e nomeada.

Terceira fase: Configuração dos activos

A Telefonia Analogica funciona essencialmente com comutação de circuitos, onde existe comutação de circuitos entre dois extremos, o início e fim de sessão é gerido entre o sinal enviado pelo telefone e a central telefonica.

Elementos que devem ser configurados

1. Os telefones
2. A Central Telefonica

Criação da documentação de funcionamento (Desenho Logico da Rede).

Devesse escolher o número de extenção por determinada área. Cada área funcional deve possuir uma numeração diferente que deverá contar com o crescimento das diferentes áreas.

A área de recepção terá a numeração 100.

Area de recursos humanos com a numeração 200.

A área de finanças com a numeração 300.

A área de Engenharia com a numeração 400.

O Gabinete do Director Geral com a numeração 500.

Esquema de funcionamento

Cenario 1

Para efectuar chamadas internas basta colocar o número da extensão e aguardar que o telefone no outro extremo comece a tocar.

Caso 1 As chamadas externas devem obrigadoriamente passar pela recepcionatas que possui uma lista do pessoal autorizado ou não a efectuar chamadas, o resto das áreas não está autorizado a efectuar chamadas telefónicas. Neste caso nem todos os utilizadores possuem autorização para efectuar chamadas.

Caso 2: As chamadas externas devem obrigatoriamente ser encaminhadas para as recepcionistas que deverá efectuar a chamada e transferir para a extensão que solicitou a chamada. Normalmente neste caso quem solicita a chamada não esta sempre disponível para efectuar e receber chamadas.

Caso 3: As chamadas passam por uma recepcionista digital que atende as chamadas e envia para determinada área de acordo a área técnica, ou seja a áre esta conectada a um determinado numero. Para efectuar chamadas externas usasse um código que permite encaminhar a chamada para o exterior.

Após efectuar esquemas das chamadas iniciamos a configuração dos Telefones.

Tipos de Telefones Analogicos;

Existem dois tipos de telefones analógicos, os telefones com Adaptador de corrente e sem Adaptador de corrente (Alimentação de corrente pelo cabo de rede) embora não se trata de Power Over Ethernet não será abordado no âmbito deste livro.

Telefone analógico Ligado a corrente com Adaptador AC (Alternative Current). Transformador de 220 Volts que converte a corrente para 48 Volts útil para alimentação do telefone.

Telefone com corrente conectado por cabo de rede: Este tipo de telefone possui alimentação pelo cabo de rede, a alimentação é de 48 volts e é proveniente da central telefonica.

Nota: As centrais Telefonicas analógicas de diferentes Fabricantes não possuem a mesma sinalização e portanto a programação é diferente.

Telefones

Depdentemente da marca do Telefone Analogico, possui o painel do menu. No painel do menu escolhemos a opção de número da extensão e colocamos o número de extensão do determinado telefone.

Central Telefonica.

A configuração da central telefonica (PBX – Private Box Exchange) varia de acordo ao Fabricante, diferentes fabricantes possuem diferentes sistemas de sinalização e linguagem de programação, as empresas que instalam estas centrais telefónicas normalmente sujeitam-se a trabalhar com determinada marcas ou marca que os seus técnicos dominam. Existe duas formas de instalar qualquer PBX Analogico, o primeiro é ser um autodidacta com bastante experiencia em programação de PBX e o segundo é efectuar um curso de programação de PBX de determinado Fabricante. Devido ao Sistema de sinalização e programação as centrais telefónicas normalmente são usadas com telefones do mesmo fabricante.

Na central telefonica vamos configurar a numeração de todos os telefones colocados em determinada porta da tomada de rede. Vamos inserir o terminal do gateway normalmente um numero fixo da telefonia fixa.

<u>Opção de configuração</u>

- Chamadas Locais.
  - o Chamadas efectuadas por extensões locais devem ser respondidadas dentro da rede local.
- Chamadas não locais/externas
  - o Devem ser enviadas para o Operador ou seja para o número do Gateway. Normalmente é usado um código a indicar quando a chamada não é local. Pode-se usar o código zero dentro da rede para indicar que a chamada deve ser encaminhada para o número fixo do Operador.

Testes de conectividades

Devem ser efectuados testes de conectividade para validar que a configuração está correcta e se conseguimos efectuar chamadas internas para todas as extensões e se conseguimos efectuar chamadas externas. Em alguns caso a única extensão permitida para efectuar chamadas externas é a extensão da recepção.

Problemas mais Frequentes.

- Queima dos circuitos das chamadas.
- Queima da Fonte de alimentação da Central Telefonica.
- Não comutação dos circuitos.
- Perça de conectividade na cablagem física.

Conclusão

Efectuar o esquema de funcionamento da central telefonica, devemos efectuar a numeração ou ordenação da numeração da central Telefonica e por último devemos configurar os telefones, configurar a central telefonica, efectuar testes de conectividade para verificar se todos os telefones estão a comunicar. Devido ao Sistema de sinalização e programação as centrais telefónicas normalmente são usadas com telefones do mesmo fabricante mas não é regra, podemos usar telefones de diferentes Fabricantes.

No presente caso practico escolhi a central telefonica (PBX), Panasonic Advanced Hybrid System cujo modelo é KX-TES824.

Instalação do PBX Panasonic KX-TES824

Cada fabricante, de centrais telefónicas analógicas possui um manual de instalação do referido PBX, o guia de instalação do PBX Panasonic KX-TES824 está disponível em **http://doc.panasonic.de**

Procedimentos de instalação Fisica

Posicionar o PBX longe de qualquer área de serviço, o PBX preferencialmente deverá ser instalado numa sala técnica específica para alojar os equipamentos tecnológicos.

Deve possuir aterramento para o PBX, para garantir que nenhuma descarga eléctrica proveniente de relâmpagos ou descargas eléctricas afecte ou queime o equipamento. O PBX, normalmente deverá ser instalado na parede e deverá estar à 1.8 metros de distância de qualquer fonte de electromagnetismo, computadores, UPS, etc.

Componentes do PBX

Computadores, Telefones, Maquinas de Fax, Telefones Wireless, conexões directas.

Figura 9 : Unidade Principal

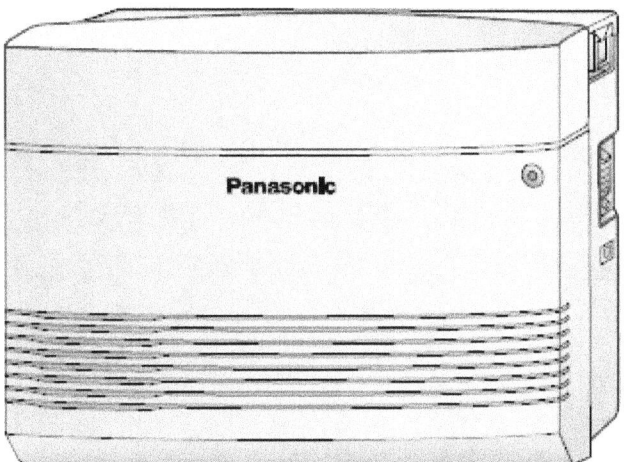

Figura 10: Diagrama de instalação do Sistema (Alternativas de Instalação)

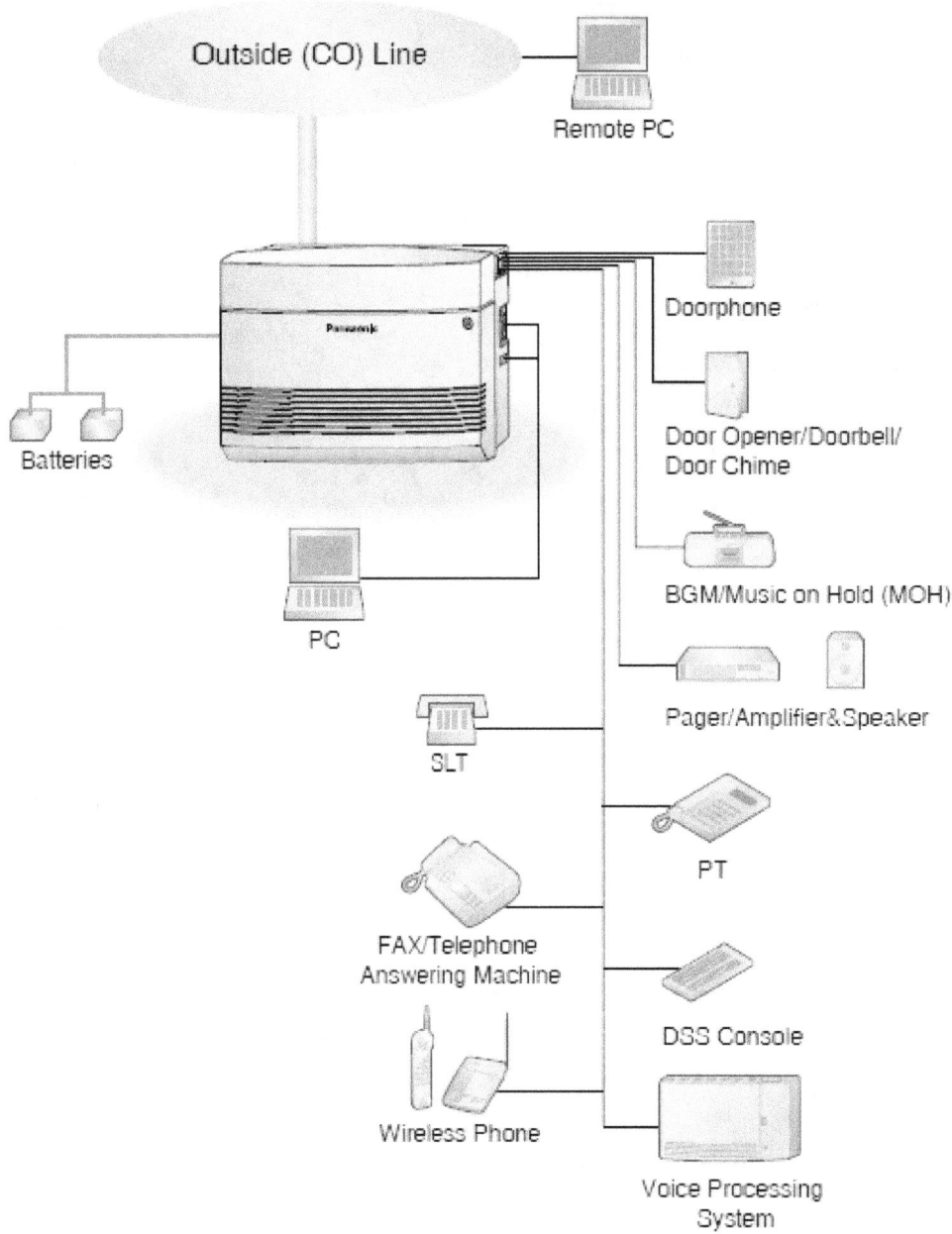

Dependentemente do modelo, o PBX possui as seguintes portas que devem ser menor ou maior de acordo ao tipo do PBX. Portas para linhas externas do ISP, portas para linha interna dos telefones proprietários e linhas únicas telefónicas, portas serial para conectar o PBX ao Computador.

NOTA: Ao instalar determinada central telefonica analógica, deverá sempre ter em conta o Manual de Instalação de determinado fabricante. As directrizes aqui fornecidas são gerais a qualquer PBX

Figura 11: Listagem de Interfaces

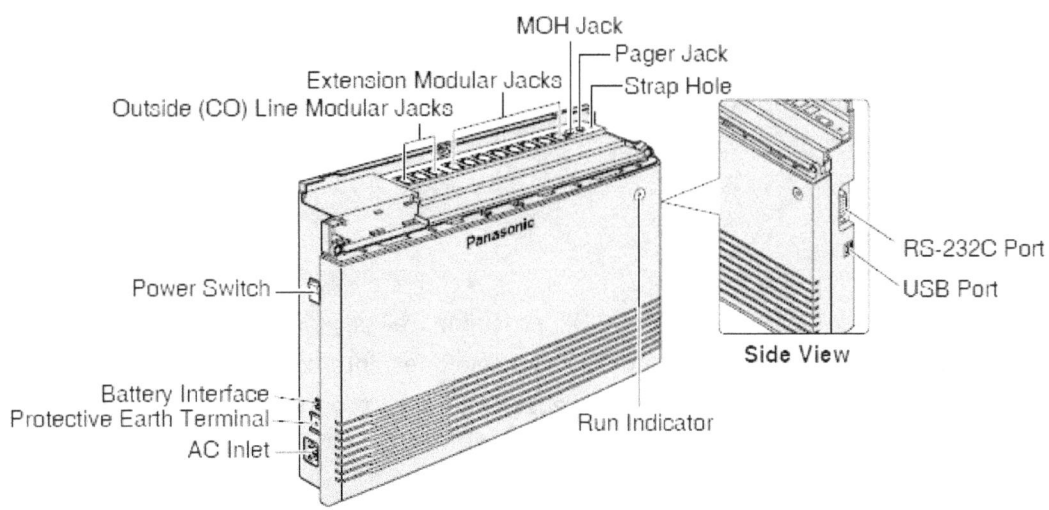

Extension Modular Jacks: Quantidade de portas para ligação dos telefones internos.

Outside (CO) Line modular Jacks: Quantidade de portas para as linhas externas disponibilizadas pelo ISP.

Power Switch: Disponivel para ligar e desligar o PBX

Battery Interface: Interface disponível para interligar a bateria.

Protective Earth Terminal: Dispositivo disponível para proporcionar aterramento.

AC (Alternative Corrent): Para proporcionar corrente alternativa para o equipamento.

MOH Jack:

Pager Jack:

Strap Hole:

RS232 PORT

USB

A instalação do PBX, segue os seguintes passos:

Cenario 1

Dependentemente do tipo de instalação do PBX, se for montado na parede para instalação na rack de telecomunicação.

Primeiramente depende do tipo de instalação montado na parede ou instalado na Rack de Telecomunicação, deverá ser montado de acordo ao padrão definido em fábrica, caso seja montado na parede deverá ser montado na parede de acordo ao manual de instalação do PBX. Se for para instalação no Rack de Telecomunicação deverá igualmente seguir as instruções de instalação do fabricante.

O Segundo ponto são as interconexões. No PBX, possuímos as seguintes interconexões disponibilizadas de acordo as portas, interconexões com telefones, interconexões com linhas externas, interconexões com PCs, Telefones de Paredes, Telefones proprietários e telefones nõa proprietários.

Padrão de Conexão

Os telefones usam o conector RJ 11, nas conexões de telefones com o seguinte padrão de ligação entre o PBX e os Telefones.

H: High, T: Tip, R: Ring, L: Low

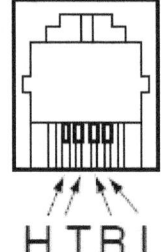

H: High
T: Tip
R: Ring
L: Low

Cablagem

O tipo de cablagem usada vai determinar a possível distancia que determinada cablagem permitira.

Figura 12: Interconeção do PBX Analógico

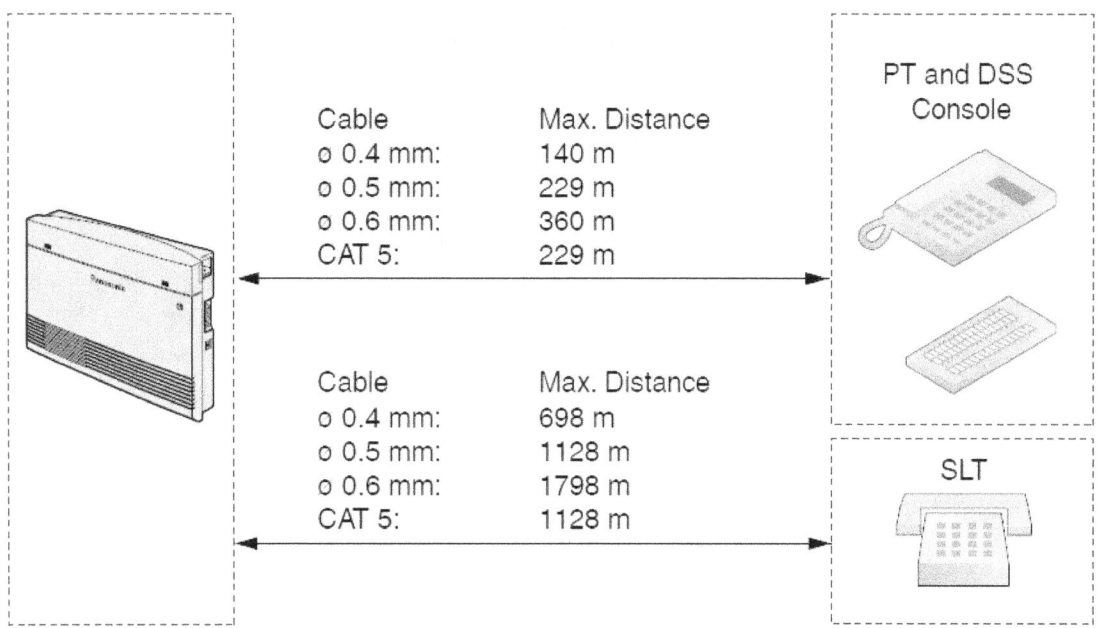

Cable	Max. Distance
o 0.4 mm:	140 m
o 0.5 mm:	229 m
o 0.6 mm:	360 m
CAT 5:	229 m

Cable	Max. Distance
o 0.4 mm:	698 m
o 0.5 mm:	1128 m
o 0.6 mm:	1798 m
CAT 5:	1128 m

PT and DSS Console

SLT

Conecções de acordo ao Equipamento.

Telephone	Wiring
SLT	1-pair wire (T, R)
PT (such as KX-T7735)	2-pair wire (T, R, H, L)
DSS Console	1-pair wire (H, L)

Figura 13: Conecção de Linhas telefónicas simples e telefones proprietários

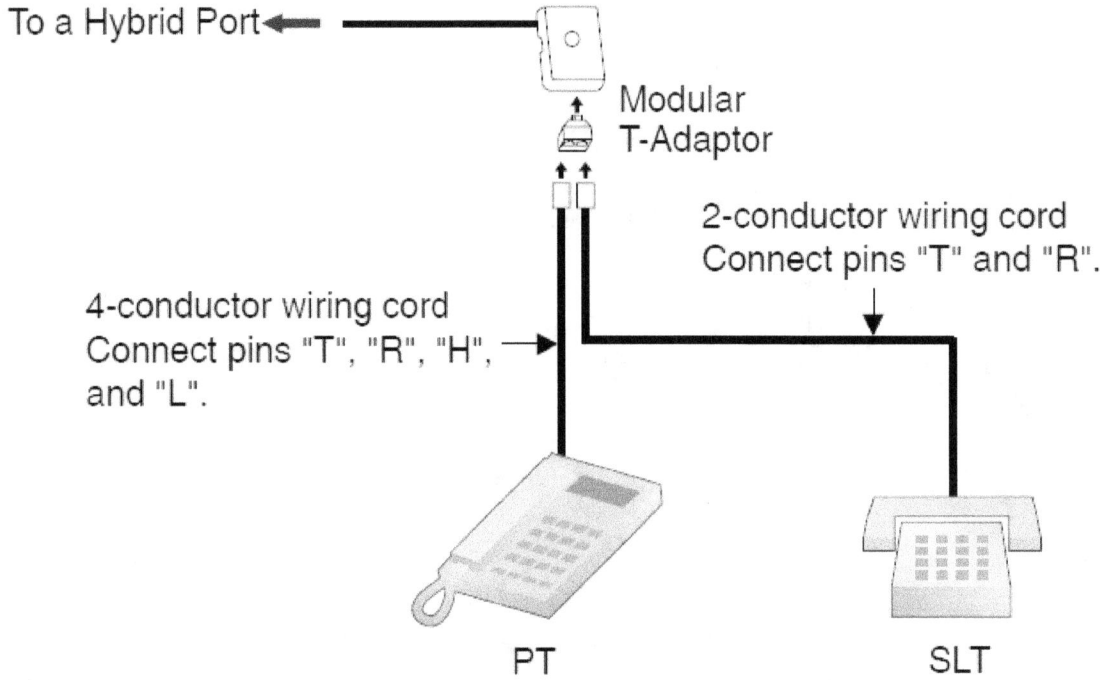

To a Hybrid Port◄━━

Modular
T-Adaptor

4-conductor wiring cord
Connect pins "T", "R", "H",
and "L".

2-conductor wiring cord
Connect pins "T" and "R".

PT

SLT

Figura 14: Conexão de Perifericos.

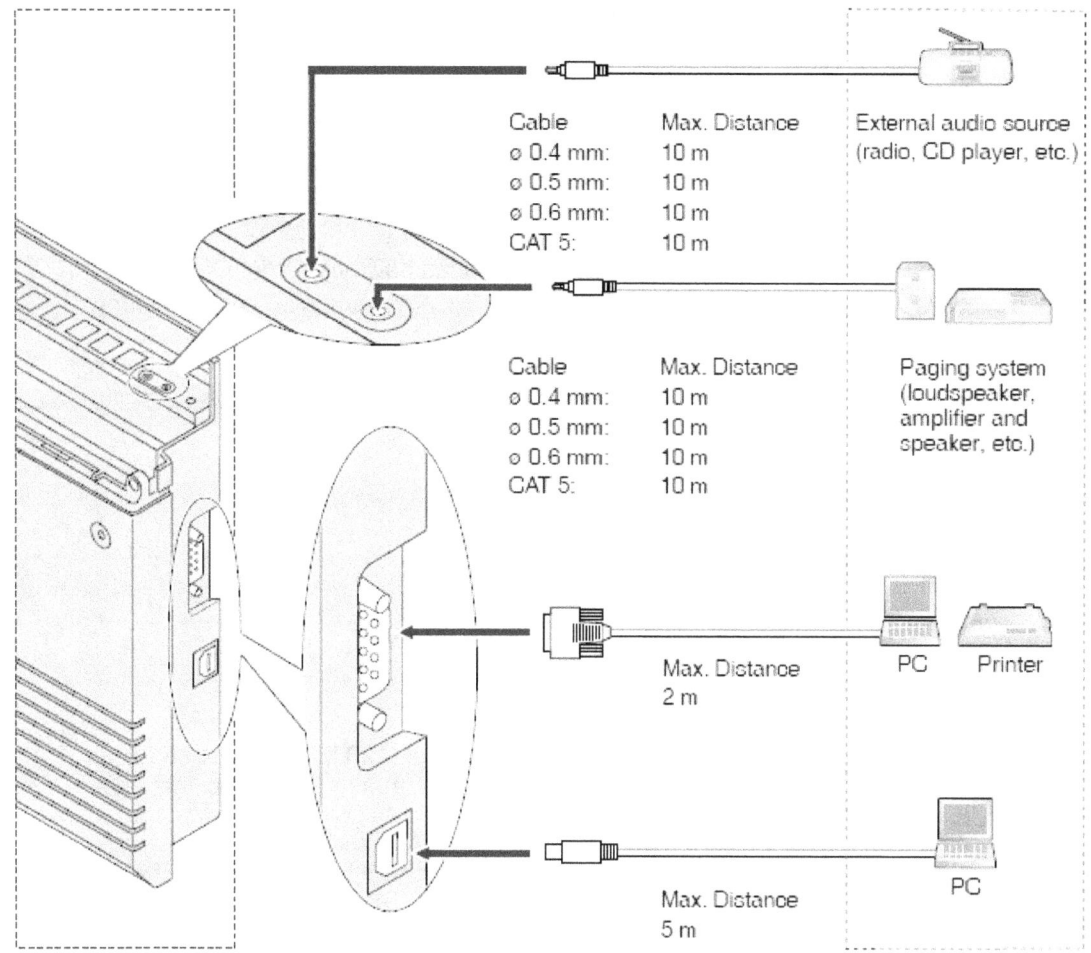

Cable | Max. Distance | External audio source
o 0.4 mm: | 10 m | (radio, CD player, etc.)
o 0.5 mm: | 10 m
o 0.6 mm: | 10 m
CAT 5: | 10 m

Cable | Max. Distance | Paging system
o 0.4 mm: | 10 m | (loudspeaker,
o 0.5 mm: | 10 m | amplifier and
o 0.6 mm: | 10 m | speaker, etc.)
CAT 5: | 10 m

Max. Distance | PC   Printer
2 m

Max. Distance | PC
5 m

Fontes de Som (MOH/BGM)

Como fonte de som, podemos acrescentar leitores de CD, Radio, para servir como Music ON Hold para o sistema de Telefonia e Background Music, ou seja música de background.

Programação

Procedimento para programação da Central Telefonica.

Ligue a central telefonica no botão ON/OFF, ligue para ON.

Conecta um Telefone proprietário na linha 1 ou seja na primeira linha das conexões

5. Efectua as seguintes operações com um telephone (PT) conectado na porta 01.
a. Pressiona o botão Programa.
b. Pressiona #.
c. Digita 1234.
d. Digita 999.
e. Pressiona o botão NEXT (SP-PHONE) .
f. Pressiona o botão (AUTO ANS/MUTE) até que apareça a função "All For".

g. Pressiona o botão STORE (AUTO DIAL/STORE)

h. Pressiona o botão END (HOLD).

i. Pressiona o botão PROGRAM.

• O PBX sera inicializado com valores padrão. O tipo de linhas externas são automaticamente detetadas.

• Se o PBX não funcionar correctamente, refira a Secção "4.1.5 Efectua Reset do Distema com a limpeza de dados.

6. Programa o PBX usando um dos seguintes métodos:

a. Programação do PC. Refira a "Secção 3, Guia para manutenção da Consola do KX-TE"

b. Programação com Telefone proprietário. Referida na "3.3 Programação com Telefone Proprietario" sobre o Guia das funcionalidades.

Instalação da Consola de Manutenção:

Requisitos do Sistema

Sistema Operativo

• Microsoft Windows 98 SE, Windows Me, Windows 2000, or Windows XP

Hardware

• CPU: 133 MHz Intel Pentium or faster

• RAM: Pelo menos 64 megabytes (MB) de memória RAM disponivel (128 MB recomendado)

• Disco: Pelo menos 100 MB de espaço de instalação e aproximadamente 2 MB adicional para ficheiros do utilizador.

Passos para instalação

Insira o disco de instalação no Computador, selecciona a língua e instale o respectivo software de programação.

Adicione uma palavra passe a consola de programação.

Conecta o Computador por interface Serial RS-232 C ou USB.

NOTA: A Forma de configuração de determinado PBX com sistema analógico depende exclusivamente dos padrões de configuração atribuídos pelo Fabricante.

Vantagens

- Existe em grandes quantidades, maior abundancia no mercado nacional.
- Custo mais baixo em relação aos PBX-IP proprietários.
- Telefones analógicos existem em maior abundancia e os telefones novos possuem preços mais baixos.
- Facilidade de configuração e programação

Desvantagens

- Pouca ou nenhuma interoperabilidade
- Menos funcionalidades em relação aos PBX-IP
- Sistemas fechados ou proprietários.

Capitulo II: Telefonia Digital

A Telefonia digital é um processo evolutivo que evoluiu desde a Telefonia analógica associada a outras descobertas científicas ao longo da história da humanidade. Sendo assim no presente capítulo efectuaremos uma síntese das principais descobertas que permitiram a evolução da Tecnologia de Telecomunicação e Computação.

EVOLUÇÃO DA TELECOMUNICAÇÃO E COMPUTAÇÃO

(1800– 1837); **Desenvolvimento Preliminares**: Volta descobre a primeira bateria, Fourier e Laplace publicam tratados matematicos; Ampere, Faraday, e Henry efectuam experiencias em electricidade e magnetismo; Lei de Ohm's (1826); Gauss, Weber e Wheatstone desenvolvem os primeiros sistemas de telegrafia.

(1838–1866); **Telegrafo**: Morse aperfeiciona o seu Sistema; Steinhill descobre que a terra pode ser usada como condutor de corrente; serviços comerciais são iniciados.

(1844); **Tecnicas de multiplexação são implementadas**; William Thomson calcula a resposta do pulso de determinada linha do Telegrafo.

(1855); **Cabos transantlanticos** são instalados.

(1845); **Lei de Circuitos de Kirchoff**.

(1864**); Equação de Maxwell** prediz radição electromagnetica.

(1876-1899) ; **Telefonia**: Alexander Graham Bell melhora os transdussores acústicos, primeiro comutador telefónico com oito linhas; Transdussor de botão de carbono de Edison; circuitos cabeados são introduzidos; Dispositivos de Strowger, automatiza switching passo-a-passo (1887); Pupin apresenta a teória de carregamento (Loading Theory).

(1887–1907); **Telegrafo sem fios** : Heinrich Hertz verifica teoria de Maxwell; Demonstrações Marconi e Popov; Marconi patentia um Sistema de telegrafia sem fios completo.
(1897); Serviços comercial iniciam, including ship-to-shore e sistemas transatlanticos.

(1904– 1920); **Comunicação Electronica**: Lee De Forest inventa o Audion.(triode) baseado no diode de Flemming; descobertos tipos de filtros básicos; experimentos com broadcasting de ondas de radio AM; O sistema Bell completa a linha de telefonia transcontinental com repetidores eletrónicos (1915); Transportadores de Telefonia multiplexados são introduzidos: H.C Armstrong aperfeiciona o superheterodyne radio receiver.

(1918); **Primera Estação** de broadcasting comercial.
(1920–1928); Carson, Nyquist, Johnson, e Hartley apresentam a teória de transmissão.

(1923–1938); Televisão: Sistema de formação de imagem mecânica demonstrado; Análise teórica dos requisitos de largura de banda; DuMont e outros aperfeicoam tubos de raio-catodico de vácuo; Testes experimentais e de campo de broadcasting iniciam.

(1931); São iniciados serviços de Teleescritura.

(1934); H. S. Black desenvolve o amplificador de retorno negativo .

(1936); Postulado de Armstrong demonstra o caso da modução de frequencia de radio FM.

(1937); Alec Reeves concepciona a modulação código de puslo (Pulse Code modulation – PCM)

(1938–1945); Radar e Sistema microondas são desenvolvidos durante a segunda Guerra mundial.

; FM é usada extensivamente por comunicações militares; Hardware, electronica e teórias são melhorados em todas as áreas.

(1944–1947); Representações matematicas do ruido são desenvolvidas; métodos estatísticos para detecção do sinal são desenvolvidos.

(1948– 1950); C. E. Shannon publica os papéis descobertos sobre a Teória da informação.

(1948– 1951); São inventados os Transistores.

(1950); Multiplexação por divisão do tempo (Time-division *multiplexing* -TDM) são aplicados em Telefonia. Hamming, apresenta os primeiros codigos de correcção de erros.

.

(1953); Os Padrões de Televisão a cores são implementados nos Estados Unidos.

(1955); J. R. Pierce propõe Sistema de comunicação por satellite.

(1958); Sistema de transmissão de dados a longa distância são desenvolvidos para propositos militares.

(1960); Maiman demonstra o primeiro laser.

(1961); Circuitos integrados são aplicados para Produção comercial.

(1962); Comunicação Satelite inicia com Telstar I.

(1962–1966); Servico de transmissão de dados oferecido comercialmente; PCM, prova ser fiável para transmissão da voz e televisão; Teória da transmissão digital é desenvolvida; Viterbi apresenta novos esquemas de correcção de erros; Equações Adaptativas são desenvolvidas.

(1964); Sistema de Switching de Telefonia eletronico completo é colocado em serviço.

(1965); Mariner IV transmite imagens de Marte para Terra.

(1966–1975); Satellite comercial tornasse disponivel; links opticos usando lasers e fibra Optica são introduzidos; é criado a ARPANET.

(1976); LAN Ethernet é inventado por Metcalfe e Broggs (Xerox)

(1968– 1969); Digitalização de rede de Telefonia inicia.

(1970– 1975); Padrões PCM são desenvolvidos por CCITT.

(1975– 1985); Sistemas Opticos de alta capacidade são desenvolvidos e sistema de switching completamente integrados; Sinais digitais processados pelos Microprocessadores.

(1980–1983); Inicio da Internet global baseado no Protocolo TCP-IP.

(1980–1985); Rede Movel Celular moderna colocada em serviço, NMT na Europa do Norte , AMPS nos Estados, modelo de referencia OSI é definido por Organização internacional de Padrões (ISO). Padronização sistema de segunda geração de telefonia móvel é iniciada.

(1985–1990); LAN breakthrough; é terminada a padronização do ISDN - *Integrated Services Digital Network*; services publicos de transmissão de dados tornam-se largamente disponíveis; sistema de transmissão opticos substituem sistema de cobre de longa distancia, alta transmissão de dados; é desenvolvida SONET. Padronização GSM e SDH são terminadas.

(1989); Proposta inicial para o document Web-ligado a nivel mundial na World Wide Web (www) por Tim Berners-Lee (CERN).

(1990–1997); O primeiro Sistema Digital Cellular, GSM – Global System for Mobile Communications, é colocado em uso comercial e os efeitos são verificados a nível mundial, Regularização da Telecomunicação continua e Sistema de TV por Satellite tornam-se populares; Uso de Internet e serviços expandem rapidamente devido a WWW.

(1997– 2001); Comunidade de Telecomunicação é regulada e o negócio cresce rapidamente; redes digital celular, especialmente GSM, expandem mundialmente; Aplicações comercial da Internet expandem e uma parte da comunicação de voz é transferida da PSTN – Public Switched Telephone Network para internet; desempenho das LANs melhora com avanço das redes com tecnologia Ethernet de gigabit por segundo.

(2001– 2005); Televisão Digital inicia a substituição do broadcast analogico; Sistema de acesso de largura de banda torna os serviços de multimédia disponível para todos. Serviço de Telefonia tornasse serviço de comunicação personalizado devido ao aumento de consumo de PCs e Celulares. Segunda geração de sistema de telefonia sofrem upgrade para fornecer maiores serviços de dados por comutação de pacotes.

(2005); Televisão Digital vão substiuir os serviços analogicos e iniciar o provimento de serviçso interactivos e serviços broadcast; Terceira geração de Sistema de Celulares e Tecnologias WLAN, irão fornecer melhores serviços de dados para utilizadores móveis; serviços moveis baseados na localização irão expandir, aplicações para tecnologia sem fios em escritorios e casa irão incrementar; serviço da rede de telecomunicação irão evoluir para uma unica rede de comutação de pacotes para todos os tipos de serviços.

(2011); Long Term Evolution Network - LTE, são desenvolvidos padrões para rede 4 G, transmissão de dados por pacotes.

(2012); LTE Operadores iniciam implementação da Tecnologia GSM 4 G em alguns países do mundo.

Gerações de Computação

Primeira geração (1940-1956) tubos de vácuo

Os primeiros computadores usavam tubos de vácuo para a bateria de circuitos magnéticos e para a memória, e muitas vezes eram enormes, ocupando salas inteiras. Eles eram muito difíceis de operar e para além de consumir uma grande quantidade de energia, que gerava uma grande quantidade de calor, que era muitas vezes a causa de um mau funcionamento.

Computadores de primeira geração utilizavam linguagem máquina, a linguagem de programação nível mais baixo compreendida por computadores, para executar operações aritméticas e resolviam um problema de cada vez. A entrada foi baseada em cartões perfurados e fita de papel, e de saída foi exibido em impressões.

Os Computadores UNIVAC e ENIAC são exemplos de dispositivos de primeira geração de computação. O UNIVAC foi o primeiro computador comercial entregue a um cliente de negócios, o Departamento de Estatistica dos Estados Unidos, 1951.

Segunda Geração (1956-1963) Transistores.

Transistores substituíram os tubos de vácuo e inaugurou a segunda geração de computadores. O Transistor foi inventado em 1947, mas não possuía amplo uso em computadores até 1950. O Transistor foi muito superior ao tubo de vácuo, permitindo que os computadores tornarem-se menores, mais rápido, mais barato, mais eficiente em termos energéticos e mais confiáveis do que os da primeira geração antecessores. Embora inicialmente o transístor gerava uma grande quantidade de calor que efectuava danos a mother board dos Computadores mas mesmo assim era a grande melhoria sobre o tudo de vácuo. A segunda geração de Computadores ainda contou com cartões perfurados para entrada e saída de impressões.

A segunda geração de computadores passou de linguagem críptica binário maquina para linguagem simboliga, ou montagem, o que permitiu aos programadores especificar instruções em palavras. Linguagens de alto nível de programação também foram sendo desenvolvidas neste momento, como as primeiras versões do COBOL e FORTRAN. Estes também foram os primeiros computadores que armazenavam as suas instruções em memória, que passou de um cilindro magnético com a tecnologia de núcleo magnético.

Os primeiros computadores desta geração foram desenvolvidos para a indústria atómica.

Terceira geração (1964 -1971) Circuitos integrados.

O Desenvolvimento do circuito integrado foi a imagem de marca da terceira geração de computadores. Transistores foram miniaturizados e colocados em chips de silício, chamados semicondutores que aumentou drasticamente a velocidade e eficiência dos computadores.

Em vez de cartões perfurados e impressões, os usuários interagem com os computadores de terceira geração através de teclados e monitores e interface com um sistema operacional, o que permitiu que o dispositivo para executar diversas aplicações ao mesmo tempo com um programa central que monitorava a memória. Computadores pela primeira vez tornaram-se acessível a um público em massa, porque eles eram menores e mais baratos do que os seus antecessores.

Quarta geração (1971-Presente) Microprocessadores

O microprocessador trouxe a quarta geração de computadores, com milhares de circuitos integrados, foram construídos em um único chip de silício. O que na primeira geração encheu uma sala inteira agora poderia caber na palma da mão. O Intel 4004 chip, desenvolvido em 1971, localiza todos os componentes do computador a partir da unidade de processamento central, memória de entrada/saida de controlo, em um único chip.

Em 1981, a IBM introduziu seu primeiro computador para usuário domestico, e em 1984 a Apple lançou o Macintosh. Microprocessadores também se mudou para fora do reino de computadores desktop em em muitas áreas de vida como mais produtos de uso diário, começou a usar microprocessadores.

Com os microprocessadores, surgiram os computadores reduzidos, que podiam ser ligados entre si para formarem redes, o que levou ao desenvolvimento da Internet. Computadores de quarta geração acompanharam o desenvolvimento de GUIs(Graphical Users Interfaces), o rato e dispositivos portáteis.

Quinta Geração (Presente e Futuro) Inteligencia Artificial

Dispositivos de quinta geração de computação, com base em inteligência artificial, ainda estão em desenvolvimento, embora existam algumas aplicações, como o reconhecimento de voz, que estão sendo usados hoje. O uso de processamento paralelo e de supercondutores está ajudando a tornar a inteligência artificial uma realidade. Computação quântica e modelucar, nanotecnologia vai mudar radicalmente a face de computadores nos próximos anos. O objetivo da quinta geração de computação é desenvolver dispositivos que respondem a entrada de linguagem natural e são capazes de aprendizagem e auto-organização.

I

INTRODUÇÃO AOS SISTEMAS OPERATIVOS.

UNIX, foi o primeiro sistema Operativo, multiusuário, multiprocessos, multiprocessamento e multitarfefas e o precessor dos Sistemas Operativos actuais e utilizado para diversos fins, a maioria dos Sistemas Operativos modernos directa ou indirectamente herdaram funcionalidades e conceitos do UNIX.

Em 1969 Ken Thompson e Dennis Richie, nos Bell Labs usaram uma máquina PDP-11 para programar em linguagem assembly o primeiro Sistema Operativo que foi denominado UNIX. Após a versão 7, o UNIX foi adquirido pela AT&T que detinha a licença de comercialização do UNIX deixando de ser um produto de código livre.

Actualmente todos os sistemas Operativos são variações do Sistema Operativo Principal, o UNIX, onde herdaram conceitos, funcionalidade e princípios.

Figura 13: Quadro com breve história do UNIX

1969	O Inicio	A historia do UNIX, inicia voltado em 1969, quando Ken Thompson, Dennis Ritchie e outros iniciaram a trabalhar no pequeno usado PDP-7 num canto no Bell Labs e o que tornou-se o UNIX .
1971	Primeira Edição	Possuia um Assemblador/Montador para o PDP-11/20, Sistema de ficheiro, fork(), roff e ed. Era usado para processamento de texto de documentos patentiados..
1973	Terceira Edição	Era escrito em C. Isto tornou portavel e mudou as historia dos Sistemas Operativos.
1975	Sexta Edição	UNIX, abanda a casa, tambem conhecida com as versão 6, é a primeira a estar largamente disponível fora dos Laboratorios Bell. A primeira versão BSD (1.x) foi derivada da versão 6.
1979	Sétima Edição	Esta foi, uma melhora de todas as versões anteriores e futuras dos Unices[Bourne]. Ele possuia C, UUCP and Bourne Shell. Isto foi transportado para o VAX e o kernel possuia mais de 40 Kilobytes (K).
1980	Xenix	Microsoft introduz o Xeniz. 32 V e BSD introduzido.
1982	System III	AT&T's UNIX System Group (USG) lançaram o System III, O primeiro lançameto public for a dos Bell Laboratories. SunOS 1.0. HP-UX introduzido. Ultrix-11 introduzido.
1983	System V	Computer Research Group (CRG), UNIX System Group (USG) e terceiro grupo associam-se para tornarem no Laboratorio de Desenvolvimento do Unix. AT&T anuncia UNIX System V, a primeiro lançamento vendeu 45.000 cópias.
1984	4.2BSD	University of California at Berkeley lançou 4.2BSD, incluindo i TCP/IP, novos signals e muito mais. É formado X/Open.
1984	SVR2	Introduzido System V Release 2. Nesta altura existem 100,000 instalações de UNIX pelo mundo.
1986	4.3BSD	Lançado 4.3BSD, incluindo internet name server. É introduzido SVID. Suportado NFS. Anunciado AIX. Instalação base de 250,000 cópias.
1987	SVR3	System V Release 3 incluindo STREAMS, TLI, RFS. Nesta altura existem instalações de 750,000 UNIX por todo mundo.

		Intoduzido o IRIX.
1988		Publicado POSIX.1. Open Software Foundation (OSF) e UNIX International (UI) são formandos. Suporta Ultrix 4.2
1989		AT&T UNIX Software Operation, formando em preparação para spinoff of USL. Suporta Motif 1.0
1989	SVR4	UNIX System V suporta 4 ships, unifying System V, BSD and Xenix. Instalação base 1.2 milhões de cópias.
1990	XPG3	X/Open lança marca XPG3. OSF/1. Planeia 9 do Bell Labs.
1991		UNIX System Laboratories (USL) tornasse numa Companhia maioritariamente adquirida pelo AT&T. Linux Torvalds inicia desenvolvimento do Linux. Solaris 1.0 debuts
1992	SVR4.2	USL lança UNIX System V Release 4.2 (Destiny). October - XPG4 Brand lança pelo X/Open. 22 de Dezembro, Novell anuncia intenção de adquiri USL. Solaris 2.0 Ships.
1993	4.4BSD	4.4BSD lançamento fina de Berkeley. 16 de Junho, Novell compra USL.
Late 1993	SVR4.2MP	Novell transferi direitos para "UNIX", marca e unica espeficação do UNIX para X/Open. . COSE inicia entrega do "Spec 1170" to X/Open para entrega celere. Em Dezembro Novell suporta SVR4.2MP , o lançamento final da USL OEM lança o System V
1994	Single UNIX Specification	BSD 4.4-Lite elimina todos os codigos clamados para infrigir no USL/Novell. Como o novo dono da Marca UNIX. , X/Open introduz a unica especificação do Unix (Antiga especificação Spec 1170), separando a marca Unix de qualquer codigo actual de Sistema Operativo.
1995	UNIX 95	X/Open introduz the UNIX 95 , programa com marca fechadas com implementação da Especificação Single do Unix. Novel vende a linha de negocio UnixWare para SCO. Unix Digital introduzido. UnixWare 2.0 é lançado. OpenServer 5.0 debuts.
1996		O Open Group é formando como mistura da OSF e X/Open.
1997	Single UNIX Specification, Version 2	O Open Group introduz versão 2 do Single UNIX Specification, incluindo suporta em tempo real., threads e 64-bit e maiores processadores. A especificação é feita livremente na internet. IRIX 6.4, AIX 4.3 e HP-UX 11 ship.
1998	UNIX 98	O Open Group introduz a familia de produtos do UNIX 98, incluindo Base, Workstation e Server. Primeiro UNIX 98 produtos registados vinha com Sun, IBM e NCR. O movimento Opensource inicia com anuncio da Netscape e IBM. UnixWare 7 and IRIX 6.5 são suportados.
1999	UNIX at 30	O Sistema Unix alcança o 30.º Aniversario. O kernel do Linux 2.2 é lançado. O OpenGroup e o IEEE, iniciam o desenvolvimento conjunto da revisão do POSIX e da Única Especificação do UNIX. Primeira conferencia do LinuxWorld. Inicia a Febre do Dot com nos mercados. Unix suporta plataforma 64 bits.
2001	Single UNIX Specification, Version 3	Versão 3 da Unica especificação do Unix, une IEEE POSIX, O OpenGroup e o esforço da industria. É lançado o kernel 2.4 do Linuz. O Valor da marca do Unix no Mercado exceed 25 Bilhões de dolares. AIX 5L é suportado.
2003	ISO/IEC 9945:2003	Os volumes base da versão 3 da Única especificação do Unix é aprovada como um padrão Internacional. O conjunto de testes "Westwood" suporta a marca do UNIX 03. Solaris 9.0. é suportado. O Kernel 2.6 do Linux é lançado.
2007		Apple Mac OS X certificado para o UNIX 03.
2008	ISO/IEC 9945:2008	Ultimas versões do API são formalmente padronizadpara para ISO/IEC, IEEE e o Open Group. Adicionam mais APIs.

| 2009 | UNIX at 40 | IDC no Mercado UNIX – diz em 2008 Unix value 60 bilhões/Usd. Unix está previsto valer 79 bilhões em 2013. |
| 2010 | UNIX on the Desktop | Apple reporta 50 milhões de Desktops e aumentando. Estes são sistemas Unix Certificados. |

Fonte: http://www.unix.org/online.html

Breve História do Microsoft Windows

No ano 1979, a Microsoft comprou licença do UNIX V7 à AT&T, que foi vendida a Microsoft com o nome Xenix. A microft adaptou o Xenix a plataforma de 16 bits. Em 1987, a Microsoft transferiu o Xenix para a empresa SCO. A empresa SCO transportou o Xenix para a plataforma de 32 bits.

A AT&T, vendeu o Unix V7 para outras companhinas como a SUN MICROSYSTEMS, a UniSoft, etc.

Sistema Operativo OS/2

Sucessor do Xenix, foi desenvolvido conjuntamente entre a IBM e a Microsoft e a primeira versão foi lançada em 1987.

Razões de separação da Microsoft e IBM,

- A visão da Microsoft era criar um Sistema Operativo que fosse compatível com qualquer arquitectura de Hardware e funcionasse em qualquer Hardware.
- A IBM queria um Sistema Operativo que funcionasse especificamente no seu Hardware e que pudesse vender o máximo possível do Hardware e Software.
- Desenvolvedores da Microsoft ficaram aborrecidos com a IBM por pagarem por linha de código implementada.

PC DOS

Foi desenvolvido pela Microsoft e IBM e possuía como Sistema Operativo o DOS e o núcleo Monolítico. A primeira versão começou com o PC DOS 1.0 em 1982. A IBM efectou um contracto com a Microsoft que a mesma forneceria o Sistema Operativo para as suas máquinas. Paralelamente ao PC DOS a Microsoft desenvolvia o Windows NT e Windows com a mesma arquitectura ou algumas modificações para outros vendendores de Hardware ou seja a Microsoft tornou-se especialista apenas em Desenvolvimento de Sistemas Operativos para implementação em Hardware de qualquer Fabricante, sendo que o Sistema Operacional, torna-se o produto mais caro em qualquer Hardware, porque o Sistema Operacional permite gerir os recursos de Hardware, os programas, criar aplicativos e disponibilizar os recursos do Hardware para os programas.

Breve História do Linux

Durante o desenvolvimento do Unix nos laboratórios Bell, na fase de maturidade do Unix propriamente na versão 7, o Unix passou a ser comercializado pela AT&T, uma das primeiras licenças vendidas em 1979 foi o Xenix, adquirido pela Microsoft e comercializado nas máquinas comercializadas pela IBM. Uma das versões do Unix em 1984, foi melhorado pela Universidade de Berkley na California, iniciando o BSD, mas na altura não estava disponível para o público. Na altura estudante da Universidade de Berkley na California Andrew S. Tanebaum, criou um sistema operacional minimalista baseado no Unix da Universidade de California, denominado Minix. O Minix era baseado no microkernel do Unix. Em 1991, um brilhante estudante da Universidade de Helsinquia no curso de Ciencia de Computação, chamado Linux Torvalds, usava o Minix(www.minix.org) como estudo, devido ao facto de ser o único Sistema Operativo baseado em Unix, o único grátis na altura e pensou em mudar o kernel do Minix para Monolitico, tornando parecido ao Kernel do recém lançado DOS da Microsoft, assim o fez e distribui o código fonte da alteração em 1991, surgiu o Linux, após isto outros implementadores foram desenvolvendo outras implementações do Linux dando origem ao grande movimento e Sistema Operativo do movimento Open Source. O Linux é formado por diversos projectos separados, o kernel é Linux, desenvolvido por Linux Torvalds. A API, system call, bibliotecas e programas é GNU, porque na altura da criação do Projecto GNU, com a iniciativa de criação do movimento de Software livre por Richard Stallman , possuiam as bibliotecas e as aplicações mas não possuiam o kernel ou núcleo do Sistema Operacional, devido a complexidade de escrita e demora do tempo a escrever, optou-se pelo kernel Linux desenvolvido por Linux Torvalds, surgindo assim o Projecto GNU/LINUX.

Quanto ao X-Windows existem vários X-Windows que podem ser implementados em qualquer distribuição sendo os principais o GNOME e o KDE.

Componentes do Linux

O Linux é constituído por Kernel, X-Windows Environments, para ambientes de trabalho que pode ser GNOME, KDE, XLITE, XFCE, etc, e aplicações que normalmente funcionam com determinado gestor de janelas gráficas. http://xwinman.org/otherdesktops.php

Fundação do Software Livre (FSF em Inglês). GNU/LINUX

A fundação do Software livre foi criado em 10 de Outubro de 1985 por Richard Stallman , como uma Corporação não lucrativa, para promover o desenvolvimento de Software livre. Foi criada com o principal objectivo de criar o Sistema Operativo GNU, mas verificaram na practica que o mais difícil seria programar o kernel do Sistema Operativo e o Projecto adoptou o Kernel do Sistema Operativo modificado por Linus Torvalds criando assim o GNU/LINUX, usa licença GPL cujo o tema é código livre para distribuição, a mudança do mesmo requer notificar o proprietario. Entretanto, existem outros tipos de licenças open Source.

Open Source Initiative

Organização com fins não lucrativos fundada em california em 1998. [http://opensource.org/]

Source Forge

O maior site para alojamento de projectos de Software Opensource para diversas áreas do conhecimento humano. [http://sourceforge.net/]

Open Source as Alternative (OSALT)

Site para encontrar alternativas de Software livre em relação ao Software comercial

TCP/IP

TCP/IP, foi inventado em 1969 no projecto ARPANET pelo DARP, devido a guerra fria, inicialmente foi implementada a versão IP V4 e por causa da exaustão do IPV4 foi implementada a versão IPV 6. A exaustão do IP V4 tem sido combatida com a implementação do NAT, PAT e Soluções Corporativas de DNS (DynDNS, OpenDNS, etc).

O TCP /IP, funciona na camada de transporte e rede respectivamente. O OSI

Modelo OSI (Open System interconection)

Foi definido em 7 camadas. Na perspectiva de comunicação entre dois computadores, a comunicação é efectuada entre as mesmas camadas nos diferentes computadores A e B que comunicam-se por determinada rede de computador sendo ethernet, token ring , frame-relay ou outra. As camadas são:

1º Camada de Aplicação; camada a nível aplicação onde existem os interfaces gráficos e a linguagem humana, e os componentes aplicacional como botões e funcionalidades, esta camada suporta alguns protocolos como smtp, ftp, http e outros que funcionam sobre os protocolos TCP/UDP.

 2º Camada de Apresentação; camada do nível de apresentação dos formatos do código dos dados ASCII, etc.

3º Camada de Sessão; Camada com início e fim de sessão e gestão das janelas de sessão.

 4º Camada de Transporte, camada com os protocolos TCP e UDP, o TCP é orientado a conexão e efectua verificação de código transmitido e o UDP, não é orientado a conexão e não efectua verificação de código, a validação da transmissão é efecuada na camada de aplicação. Todos os outros protocolos funcionam sobre os protocolos TCP/UDP.

5º Camada de Rede, onde são denifidos logicamente o funcionamento do IP, funciona essencialmente com o Protocolo IP – Internet Protocol, está camada é definida logicamente o funcionamento logico a nível da camada de rede. Elemento de comutação principal é o router.

6º Camade de Enlance, é a camade onde ocorre comutação de Mac Addresses, o elemento de computação principal é o Switch. Normalmente o tipo de Switch a ser usado é definido na Camada mais abaixo

7º Camada Fisica; camada que fornece os procedimentos físicos e mecânicos, tecnologia que deve ser usada e os tipos de conectores e procedimentos mecânicos e físicos que devem ser implementados. Nesta Camada o Componente principal de computação é a placa de rede que transforma o código interno em pulso electrico que comunica com outro extremo. Esta camada é essencialmente dominada pela transmissão de bits em impulso electrico pela placa de rede, essencialmente conectada ao computador com interface PCI ou USB.

Modelo TCP/IP

Modelo com simplificação do modelo anterior com 4 camadas.

1. Camada Aplicação
2. Camada Internet
3. Camada Enlance
4. Camada Fisica

Essencialmente é uma abreviatura da camada anterior como as funções da Camada de Aplicação, Apresentação e Sessão são efectuadas pelo aplicativo ou programa e o Sistema Operativo que é igualmente um programa, sendo assim simplificou-se como camada de transporte. A Camada de internet, onde existe o routeamento entre redes distintas, é dominada pelo equipamento de computação denominado Router ou Routeador. Actualmente existe tecnologias especialmente Switch Cisco que efectuam igualmente Routeamento ao nível da camada 3. Na camada de Enlance, existem o elemento de computação denominado Switch, que efectua comutação e aprendizagem de Mac Addresees. Na camada Fisica, onde incluímos a tecnologia de rede com os procedimentos físicos e mecânicos.

Asterisk

É uma implementação de Software que serve como uma caixa de ferramenta para construção de um (Private Branch Exchange) personalizado, Voip Gateway, servidor de vídeo conferencia, suporta todos os protocolos de telefonia PSTN como o ISDN e Protocolos VOIP (SIP e IAX2), suporte voz e imagem, sendo que pode ser implementado como servidor de videoconferência, contralador de CCTV, etc.

O Asterisk, foi implementado em Linux e como tal possui o esquema de organização de pastas semelhante ao Linux, temos a pastas, extensions.conf, dialplan.conf, etc.

O Asterisk é conectado pelo comando Asterisk -r, significa Asterisk remoto.

O Codigo do Asterisk, originalmente escrito pelo fundador e CIO, Mark Spencer da Digium, Inc, tem sido contribuído por Engenheiros de Software Open Source de tudo mundo. Actualmente possuindo cerca de 2 milhoes de utilizadores, Asterisk suporta um grande numero de protocolos TDM para o tratamento e e transmissão de voz pelos interfaces de telefonia tradicional, incluindo Protocolos Voip baseado em pacotes como o SIP, IAX e outros. Suporta tipos de padrões de sinalização americana e Europeu usado em sistemas de telefonia comercial, permitindo a ponte entre redes de voz de dados integradas e as infra-estruturas existentes. [http://www.asterisk.org/]

DIGIUM

É a empresa por trás do Asterisk, a Digium foi criada por Mark Spencer, inventor do Asterisk em 1999, a Digium é a empresa pioneira que vende todo o tipo de produtos para integração do Asterisk, desde componentes de Software e Hardware como cancelador de eco e ruido. [http://www.digium.com/en/company/]

Time Division Multiplexion (Divisão dos canal de voz por faixa temporal)

TDM, é a divisão do canal de voz com 64 bits/s, em diversos intervalos temporais e transmi-los pelos extremos.

Protocolos de Voz sobre IP.

O procedimento consiste em digitalizar a voz em pacotes de dados para que trafegue pela rede IP e converter em voz novamente em seu destino. Segue passo a passo, um caso de uso de uma ligação. O utilizador retira o telefone IP do gancho, e nesse momento é emitido um sinal para a aplicação sinalizadora do "roteador" de telefone fora do gancho. A parte de aplicação emite um sinal de discagem. O utilizador digita o número de destino, cujos dígitos são acumulados e armazenados pela aplicação da sessão. Os gateways comparam os dígitos acumulados com os números programados; quando há uma coincidência ele mapeia o endereço discado com o IP do gateway de destino. A aplicação de sessão roda o protocolo de sessão sobre o IP, para estabelecer um canal de transmissão e recepção para cada direção através da rede IP. Se a ligação estiver sendo realizada por um PABX, o gateway troca a sinalização analógica digital com o PABX, informando o estado da ligação. Se o número de destino atender a ligação, é estabelecido um fluxo RTP sobre UDP entre o *gateway* de origem e destino, tornando a conversação possível. Quando qualquer das extremidades da chamada desligar, a sessão é encerrada

H.323

A primeira versão do H.323, foi publicado pelo ITU em Novembro de 1996, como uma empase de habilitar as capacidades de videoconferencia sobre uma rede local (LAN), mas foi rapidamente adoptada pelo Industria como meio de transmitir comunicação de voz por uma variedade de protocolos IP, incluindo WANs e Internet.

Com o passar dos anos. H.323 foi revisto e re-publicado com melhorias necessárias para melhor habilitar simultaneamente voz e funcionalidades de vídeo sobre rede de comutação de pacotes, com cada versão sendo compatível com a versão anterior. Reconhecendo que H.323 é usado para comunicações, não somente em LANs, mas em WANs e dentro de grandes provedores de Rede, o cabeçalho do H.323 foi mudado quando publicado em 1998. O cabeçalho, que não tem sido mudado é baseado em pacote para comunição de sistemas multimédia. A versão recente do H.323 foi aprovada em 2009.

Um forte do H.323 foi relativamente recente aparecimetno de uma serie de padroes, não somente definindo o modelo básico de chamada, mas também implementado serviços necessários para endereçar expectações dos Sistemas de comunicações.

H.323 foi o primeiro padrão do protocolo Voip a Adoptar o padrão do Internet Engineering Task Force (IETF) Real Time Transport Protocol, para transportar áudio e vídeo sobre redes IP.

Protocolos

H.323 é um Sistema de especificação que descreve o uso de diversos protocolos ITU-T e IETF. Os protocolos que pertencem ao básico de todos os H.323 são:

H.225.0 Registration, Admission and Status (RAS) que é usado entre endpoint do H.323 e o gatekeeper para providenciar resolução de adresso e serviços de controlo de admissão.

H.225.0 Call Sinagling, que é usado entre duas entidades do H.323 em ordem para estabelecer comunicação.

H.245 Protocolo de Controlo para comunicação multimédia, que descreve mensagens e procedimentos usados para trocar capacidades, abri e fechar canais lógicos de áudio, vídeo e dados, controlo e indicações

Real Time Transport Protocol (RTP) que é usado para enviar e receber informação multimédia (voz, video e texto) entre duas entidades.

Muitos Sistemas H.323 também implementam protocolos que são definidos em varias recomendações ITU-T para fornecer serviços suplementares de suporte ou entregar varias funcionalidades para o utilizador final. Algumas destas recomendações são:

H.235, series descreve segurança entre o H.323, incluindo segurança para ambos a sinalização e media.

H.239, descreve dual stream usado em videoconferência, usualmente um para live vídeo e outras para imagens fixas.

H.450 serires, descreve vários serviços suplementares.

H.460 series, define extensões optional que podem ser implementados por um Endpoint ou Gatekeeper, incluindo recomendações ITU-T H.460.17, H460.18 e H.460.19 para Network Address Translation (NAT)/Firewall Traversal.

Em adição as recomendações da ITU-T, H.323 implementa varios Request for Comments da IETF, transporte de pacotes de media e pacotização, incluindo Real Time Transporte Protocol (RTP).

Media Gateway Control Protocol (MGCP)

H.323 é uma espeficificação de Sitema que descreve o uso de diversos protocolos ITU-T e IETF.

Session initiation Protocol (SIP)

Foi originalmente desenhado por Henning Schulzrinne e Mark Handley em 1996. Em Novembro de 2000, SIP foi aceite como um protocol de sinalização do 3GPP e elemento permanete do IP Multimedia Subsistema (IMS) arquitectura para serviços de streaming de multimedia baseado em Pacotes para Subsistemas de Multimedia IP. A especificação mais recente é o RFC 3261 do IETF publicado em Junho de 2002. Outros RFC, são o RFC 3265 e 3262

Real Time Transport Protocol (RTP)

O Real time Transport Protocol (RTP) define formato de pacotes padronizados para envio de audio e video sobre Rede IP. RTP é usado extensivamente para comunicação e sistemas de entretenimenteo que envolve streaming media. Como telefonia, vídeo e aplicações de teleconferência, serviços de televisão e funcionalidades Web push-to-talk.

RTP é usado simultaneamente com RTP control Protocol (RTCP). Enquanto RTP transporta o streams de media(Audio e Video) RTCP é usado para monitorar estatísticas e qualidade de serviço (QoS), e ajuda sincronização de múltiplos streams. RTP é originado e recebido em portas primarias e o comunicação associada de RTCP usa a porta numero par da porta mais alta.

RTP, é uma fundações tecnicas da Voice Over IP e neste contexto é frequentemente usado em conjunto com o protocolo de sinalização que assiste em montar conexões na Rede.

RTP foi desenvolvida pelo Audio-Video Transport Working Group, do Internet Engineering Task Force (IETF) e primeiramente publicado em 1996 como RFC 1889, supercedido pelo RFC 3550 em 2003.

RTP é desenhada para end-to-end, real-time, transferencia de dados de Stream. O protocolo proporciona funcionalidades para compensação de jitter e deteção de dados que chegam fora da sequencia que são comuns durante a transmissão em uma rede IP. RTP suporta transferência de dados para múltiplos destinos com uso do IP Multicast. RTP é visto como o primeiro padrão para transporte de Video e Audio em Redes Ip e é usado como um perfil associado e um formato payload.

Session Description Protocol (SDP)

O Session Description Protocol (SDP) é um formato que descreve o padrão de inicialização do Streaming Media. O IETF publicou a especificação original como um Padrão.

SDP é usado para descrever sessões de comunicação multimédia pelo propósito de anunciamento de sessão, convite de sessão e parâmetros de negociação. SPD é usado para negociação entre End-points e todas as propriedades associadas. O conjunto de propriedades e parâmetros são normalmente chamados de perfil de sessão. SDP está desenhado para ser extensível e suportar novos tipos de média e formatos.

SDP é usado em conjunto com o RTP, RTSP e SIP para as sessões multicast.

Inter-Asterisk eXchange (IAX)

IAX, é um protocolo Inter-Asterisk eXchange, native do PBX Asterisk e suportado por diverso número de softswitches e PBXs. É usado para habilitar coneções VOIP entre Servidores para além da comunicação cliente servidor.

IAX, existe actualmente a versão 2, IAX2. O IAX2, foi publicado como RFC 5456 em Fevereiro de 2010.

IAX2, é um protocolo que transporta simultaneametne a sinalização e a midia na mesma porta. Os comandos e parâmetros são enviados no formato binário e qualquer extensão tem de ter o novo código numérico alocado.

IAX2, usa um único stream de dados UDP normalmente na porta 4569 para comunicar entre end-points, sinalização de multiplexação e media flow. IAX2 facilmente passa por firewall e NAT, que é o contraste do SIP, H.323 e MGCP que usa uma faixa fora de banda do Stream RTP para enviar informação. Traduzindo, SIP, H.323 e MGCP são usados normalmente em Redes Locais.

IAX2, suporta trunking, multiplexação, canais em unico link. Quando truncado, dados provenientes de diversas chamadas para incluídas em único stream de pacotes entre dois endpoints, reduzindo a sobreacarga do IP, sem criar latência adicional. Isto é uma vantagem em transmissões VOIP, na qual Ip Headers usam uma larga percentagem de largura de banda.

Os protocolos IAX e IAX2, foram criados por Mark Spencer para sinalização do VOIP do Asterisk. O protocolo efectua sessões internas e estas sessões podem usar qualquer codec que necessitam para transmissão de voz. O Inter-Asterisk Exchange Protocol, essencialmente proporciona contolo e transmissão de streaming media sobre rede IP. IAX é flexible e pode ser usado por qualquer tipo streaming média incluindo vídeo, contudo é mais usado para desenhar controlo sobre chamadas de voz IP.

Jingle XMPP extensões VOIP

Jingle é uma extensão para Extensible Messaging and Presence Protocolo (XMPP) que adiciona peer-to-peer (P2P) controlo de sinalização de sessão para interações multimédia tais como Voice Over IP ou comunicação de Video Conferencia. Foi desenhado pela Google e pelo XMPP Standards Foundation. O Stream multimédia são entregue usando o RTP, caso necessário, passar por NAT e é assisto usando Interactive Connectivity Establishment (ICE)

A livraria libjingle usado pelo Google Talk para implementar Jingle, foi lançado pela licença pública BSD. Establece os padrões recentes, antigos e os pré-padroes do protocolo.

XMPP

Extensible Messaging and Presence Protocol (XMPP) é um protocolo de comunicação para mensagem-orientada baseado em XML (Extensible Markup Language) o protocolo foi originalmente nomeado Jabber, e foi desenvolvido pela comunidade Opensource jabber em 1999 for quase real-time, instante messaging (IM) , presence Information e manutenção da lista de contactos. Desenhado para ser extensivel, o sistema tem sido usado para sistemas de subscrição pública; sinalização para VOIP, vídeo, transferência de ficheiro, jogos, aplicações de internet como redes sociais e outros.

Não como a maioria dos protocolos de mensagem, XMPP é definido pelo Open Standard e usa aproximação de sistemas abertos para desenvolviemtno de aplicações. Pelo qual qualquer pessoa pode implementar um serviço XMPP e interoperar com outras implementações de outras organizações, porque XMPP é um padrão aberto, implementações podem ser desenvolvidas usando qualquer qualquer licença de Software, embora muitos servidores, clientes e librarias podem ser desenvolvidos usando qualquer licença de Software.

O IETF, formou o working group do XMPP em 2002, para formalizar os protocolos core como IETF mensagem instantânea e tecnologia de presença. O XMPP Working produziu quatro especificações (RFC 3920, RFC 3921, RFC 3922, RFC 3923) que foi aprovado como padrão proposto em 2004. Em 2011, RFC 3920 e 3921 foi substituídos pelos RFC 6120 e 6121 respectivamente. Com o RFC 6122 especificando o formato de endereçamento XMPP. O XMPP Standards Foundation (formerly the Jabber Software Foundation) is a

Jabber

Jeremi Miller, iniciou a trabalhar na tecnologia Jabber em 1998 e publicou a primeira a do jabberd server em 4 de Janeiro de 1999. O protocolo Jabber proporcionou o desenvolvimento do protocolo XMPP.

Em Agosto de 2005, Google, introduziu Google Talk, uma combinação de VOIP e sistema de mensagem instantânea que usa XMPP para mensagem instantânea e como uma base para o protocolo de sinalização de voz e transferência de ficheiro chamado jingle. O primeiro lançamento não proporcionava a comunicação servidor-para-servidor; Google habilitou tal funcionalidade em 17 de janeiro de 2006. Desde então Google tem adicionado funcionalidades ao Google Talk e anunciou o protocolo Jingle para sinalização.

Em 2008 Cisco Systems comprou Jabber, Inc, o criador do produto comercial Jabber XCP.

Em Janeiro de 2010, a rede social Facebook, iniciou a funcionalidade do chat com aplicações terceiras usando o XMPP.

Em Dezembro de 2011, Microsoft lancou um interface XMPP com a Microsoft Messenger.

Interface Gráficos para o Elastix

O Elastix nativo possui cli (Comando line interface) ou linha de comando, e funciona normalmente em modo texto, para popularizar e facilitar o uso do Elastix, optou-se por criar interfaces gráficos que coordenam as principais funcionalidades do Elastix, o interface gráfico não possui nenhuma desvantagem em relação a linha de comando porque igualmente possui a linha de comando. [http://www.voip-info.org/wiki/view/Asterisk+GUI]

FreePBX

É um GUI (Graphical User interface) de uso facil que controla e gera o Asterisk, o sistema de Software Opensource mais usado no mundo. FreePBX tem sido usado desenvolvido por milhares de voluntários a nível mundial. [http://www.freepbx.org/]

Asterisk GUI

É uma Framework para criação de interfaces gráficos para configuração do Asterisk. Algumas interfaces gráficas de amostra são usados para mercados específicos são incluídos para referencia ou para actual uso como extensão.

Asterisk NOW

Asterisk Now é uma derivação de aplicação do Asterisk que usa o interface gráfico FreePBX e permite customizar um PBX-IP.

Tribox

Trixbox, is um pbx, baseado na Tecnologia do Asterisk, FreePBX, CentOS e FlashOperator. Existem várias versões sendo que a versão comercial é a versão Tribox Community Edition e as versões comerciais são a TrixBox Enterprise e Call Center Edition.

PBX IN A FLASH

É um PBX, baseado em asterisk, que utiliza o interface gráfico do FreePBX, Linux e outras aplicações OpenSource.

Elastix

Elastix é um servidor de comunicação unificada Open source, que suporte Private Branch Interchange, mensagem instantânea, servidor de fax, correio electrónico, e vídeo conferencia. O PBX, foi implementado com Asterisk.

Elastix é um software Open Source para estabelecer comunicação unificada.

Funcionalidades do Elastix:

Voicemail

Fax-to-email

Support for softphones

Web Interface Configuration

Virtual conference rooms

Call recording

Least Cost Routing

Extension Roaming

PBX Interconnection

Caller ID

CRM

Advance Reports

http://www.elastix.org/

ETHERNET (CSMA/CD)

A Ethernet foi inventada em 1962, com o padrão 802.3 e iniciou com velocidade de 10 Mb/s, gradualmente evoluiu para o Padrão FastEthernet à 100 Mb, Gigabit Ethernet à 1000 Mb/s e 10 Gigabit Ethernet. Implementações actuais estão dependentes do tipo de meio de transmissão a ser usado ou seja o cabo implementado na transmissão de dados. Está tecnologia é baseada em Collision Sense With Multiple Access Carrier Detetion.

NOTA: Maiores detalhes sobre redes IP, são fornecidas nas Certificações Network + e CCNA, CCNP e CCIE.

WLAN (CDMA/CA)

A Wireless LAN é regido pelo padrão IEEE, 802.11, e possui diversos parâmetros, este padrão define que a rede funciona com microondas no espectro wireless. Existem as frequências 900 MHz para as ondas médicas e as ondas 2.4 GHz e 5.0 GHz, usadas para uso de transmissão nas Wireless LAN(Wi-fi). Para além disso temos os diversos padrões Wireless. O 802.11 a, 802.11 b, 802.11 g e 802.11 n.

NOTA: A Cisco e a CWNA, possuem um conjunto de certificações para Microondas que estudam o comportamento das microondas na transmissão de informação de dados.

LAN

A LAN é uma colecção de dispositivios interconectados que partilham diversos recursos. Pode ser cabeada ou microondas. A diferença entre cabeada ou microondas está no meio de transmissão. Na rede cabeada o meio de transmissão actualmente é o cabo utp cat 5, 5e, 6 e 6e. Na Microondas o meio de transmissão é o ar e as frequências microondas transportam os beacons ou frames microondas. As frequências para transmitir os beacons diferem entre 2.4 e 5.0, outras frequências fora desta gama necessitam de licenciamento é o caso das ondas micro-ondas VHF/UHF que abordaremos mais adiante.

Elementos da LAN

Os Elementos de uma LAN, são as interconexões, pontos de rede, placa de rede, patch panel, switches e routers.

Interconexões

As interconexões englobam as tomadas de rede, a cablagem que passa pelas paredes e o patch panel onde termina as conexões e os Patch Cord.

A Tomada de Rede: Serve para albergar a porta ou portas de rede .

Ponto de Rede: O Ponto de rede na Ethernet é implementado pelo fêmea e macho do Conector RJ 45.

A cablagem: A Cablagem é o meio de transmissão físico usado para transmissão da informação em impulso eléctrico enviado pela placa de rede, ou seja a placa de rede transforma a informação proveniente de determinado computador no ponto A, e transforma em impulso eléctrico que é encaminhado para o elemento de comutação normalmente Switch, hub ou bridge que comuta o sinal para outro computador no ponto B.

Placa de Rede: É responsável pela conversão da informação em sinal eléctrico. E enviar pelo meio de transporte cabeado ou micro-ondas.

Switch: É o elemento de rede responsável pelo encaminhamento de mac addresses. O Objectivo é guardar na tabela de mac address caso não possuir e interligar mac addresses -. Funciona normalmente na camada 2. Switches modernos funcionam simultameamente nas camadas de enlace e transporte, com funcionalidades de comutação de Mac Addresses e Pacotes.

Router: É o elemento de rede responsável pelo routeamento e interligação de LAN geograficamente distantes e diferentes. Nas implementações actuais nas áreas geográficas pequenas em vez de implementarmos routers implementamos switches da terceira camada para efectuar routeamento entre diferentes andares de determinado Edificio.

Sistema de Telefonia Comercial (Telefonia IP Comercial)

Os Sistemas de Telefonia IP Comercial, normalmente oferecem a parte final, a parte do cliente, a interface amigável, a sua arquitectura normalmente é fechada ou seja para ter acesso a parte final terá de pagar. Normalmente as Empresas comerciais de telefonia oferecem produtos combinados entre Hardware e Software denominados "Appliances", excepto algumas que oferecem apenas o Software.

Principais Fabricantes do Sistema de Telefonia Mundial

Cisco

A cisco fornece um conjunto de produtos comercial para o segmento de voz e comunicação unificada, identificada no site http://www.cisco.com/en/US/products/sw/voicesw/index.html , estes produtos para serem implementados estão combinados com uma série de certificações que inicia no CCNA Voice e termina no CCIE Voice. Normalmente estes produtos estão escalados de acordo ao segmento do mercado, para pequenas, médias e grandes empresas como as respectivas Certificações ou nível de conhecimento.

Microsoft

A Microsoft possui uma solução de Software de PBX, denominado Lync Server, é implementado em software e serve como plataforma de comunicação unificada juntamente com outros produtos como o Exchange, Outlook e Messenger. O Lync server, funciona com SIP, implementado com o protocolo de encriptação SSL2, denominado Secure SIP.

http://lync.microsoft.com/pt-pt/Paginas/unified-communications.aspx

Avaya

A Avaya possui um conjunto de soluções baseadas em Software e combinação de software e hardware. Os sistemas da Avaya são baseados em Asterisk

http://www.avaya.com/usa/portfolios/unified-communications/

Polycom

Polycom é uma empresa especialista em Sistemas de comunicação unificada. Combina produtos de Hardware e Software. Muitos produtos da Polycom são produtos baseados em Asterisk. http://www.polycom.com/products-services/voice/uc-software.html

Shore Tel

ShoreTel, possui um conjunto de produtos Software e Hardware.

http://www.shoretel.com/products/uc_platform

Siemens

Possui somente produtos de Hardware em plataforma fechados.

http://www.siemens-enterprise.com/us/products-services/small-medium-business.aspx

Alcatel Lucent

Possui somente produtos de Hardware com software proprietário.

http://enterprise.alcatel-lucent.com/?solution=IPTelephony&page=Homepage

AT&T

Possui produtos de Hardware com Software proprietário.

http://www.att.com/shop/wireless/data-plans.html#fbid=IC6DJgTSjim

NORTEL

Possui produtos de Hardware com Software proprietário.

http://www.nortel-canada.com/

Telefonia IP Open Source Vs Telefonia IP Comercial

Telefonia IP Open Source

Vantagens

- É grátis obter o Sofware.
- Menor custo na implementação.
- Não necessita licenciamento.
- Solução menos onerosa.
- Redução de custos.
- Possui linha de suporte implementada em fórum comunitários.
- Plataformas abertas e Open Source, ajudam a desenvolver novos produtos e serviços. Servem como template para criação de novos produtos com a agregação de novas ideias, produtos e serviços estes que originam novas empresas.

Desvantagens

- Requer conhecimentos avançados sobre Linux.

Telefonia IP Comercial

Vantagens

1. As linhas de Suporte são implementadas por produtos com especialistas, para usufruir deste suporte necessita efectuar contracto de manutenção e pagamento regularmente.
2. Pagamento de um acordo ou contracto para Suporte as Tecnologias implementadas.
3. Disponiblidade de Certificação nas soluções que comercializam.
4. Disponiblidade dos serviços associados as soluções de Software e Hardware.

Desvantagens

1. Custos elevados de obtenção.
2. Custo elevado de Operação e manutenção, normalmente deverá ser operado por técnicos especializados e certificados pelo Fabricante.
3. Criação de mercados de monopólio de Tecnologia, onde determinados Fabricantes detêm a tecnologia e decidem o rumo de evolução tecnológica de acordo aos seus interesses comerciais e financeiros.

Tipos de Telefones

Telefones Analogicos; Telefones analógicos são os mais antigos e funcionam com comutação de circuitos dedicados.

Telefones IP; Telefones IP, são os mais actuais e funcionam com a tecnologia de comutação de pacotes.

Softphones: Softphones são implementações de Telefones em Software, funcionam com comutação de pacotes. Diferem de acordo ao tipo de protocolo de sinalização. SIP, IAX2

Smartphones: São pequenos computadores com formato de telefone que possuem todos os elementos de computação (Microprocessador, memoria, armazenamento) e combinados com antenas GMS. Normalmente os processadores são responsáveis pela produção do sinal GSM dos SmartPhones. Possuem Sistemas Operativos e diversas aplicações. Os Smartphones normalmente possuem stack de TCP/IP com o Wireless, wi-fi e Bluetooth, infravermelhos.

O Smartphone vem com software Softphone instalado no firmware ou como aplicação que permite ser usado dentro da LAN para chamadas internas ou externas.

CASO PRACTICO: Implementação Sistema de Telefonia em Empresa.

Neste caso practico vamos implementar um Sistema de Telefonia OpenSource em uma determinada Empresa ABCD Lda. O PBX, será implementado com o Elastix. O Hardware para o nosso servidor será o HP DL 360, com quatro disco rígidos e sistema de Array Raid 5 mais Spare.

A Empresa de Consultoria de informática está constituída pela Recepção, Sala de Reunião, Direcção de Finanças, Direcção de Recursos Humanos e Direcção Técnica de Informática. Direcção Geral e Sala Técnica de Informática.

A Distribuição dos Telefones será a seguinte:

.

O Projecto será constituído por quatro fases:

1. Desenho
2. Implementação
3. Configuração.
4. Testes

Para Desenhar o nosso Projecto usaremos o Microsoft Visio 2007. Poderá usar igualmente a opção opensource o FreeCad, para efectuar o desenho da infra-estrutura.

A nossa infra-estrutura será constituída pelo espaço físico, os equipamentos tecnológicos (Hardware), as interconexões e os Sistemas de Informação.

1º Passo: Tirar medidas ao espaço físico, comprimento e largura.

2º Verificar a disposição funcional do espaço.

3º Posicionar os telefones e meios tecnológicos no Layout resultante.

Figura 16: Desenho do Projecto.

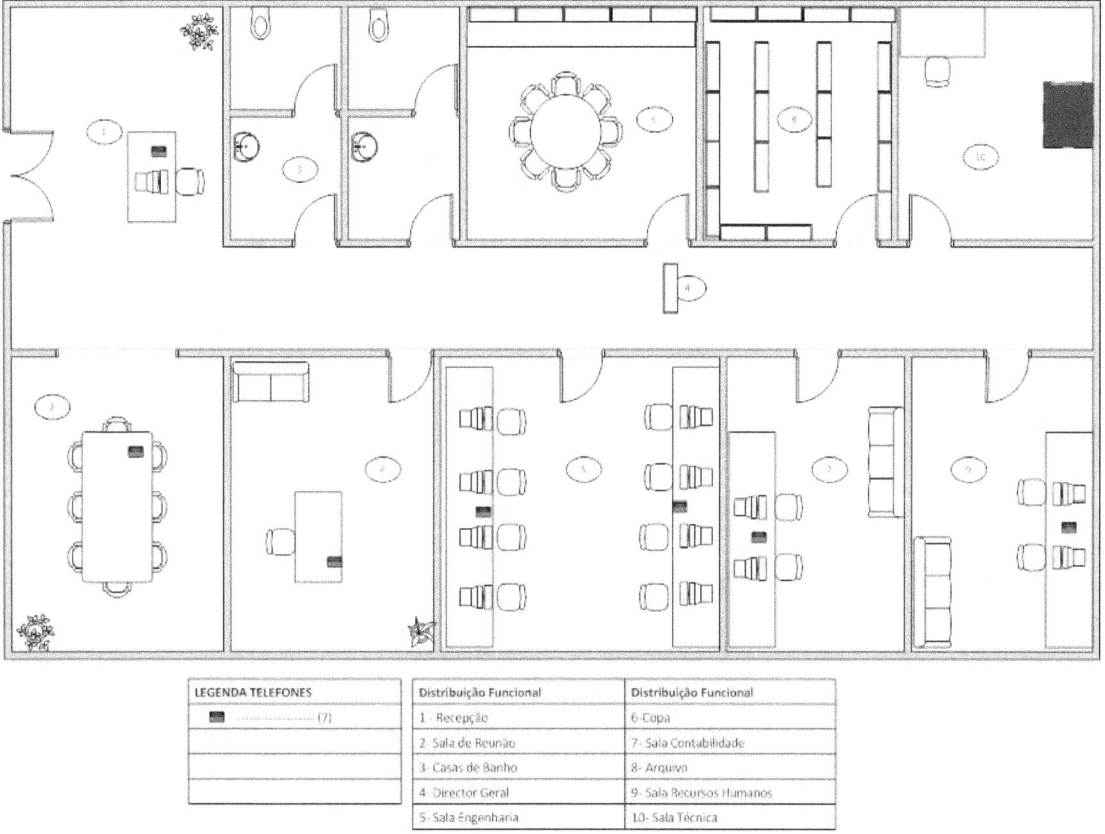

LEGENDA TELEFONES	Distribuição Funcional	Distribuição Funcional
▬ .... [7]	1- Recepção	6-Copa
	2- Sala de Reunão	7- Sala Contabilidade
	3- Casas de Banho	8- Arquivo
	4- Director Geral	9- Sala Recursos Humanos
	5- Sala Engenharia	10- Sala Técnica

Após o desenho do projecto a fase seguinte envolve a implementação do projecto desenhado. Para efectuar a implementação temos de possuir o equipamento necessário ou seja, as calhas, os berbequins, parafusos, buchas e técnicos de passagem de cablagem para prosseguir o trabalho.

1º Passo: Colocamos as calhas de acordo ao display orientado no Layout. Para colocarmos as calhas é necessário aparafusar à parede as respectivas calhas.

2º Após colocar as calhas vamos passar as cablagens necessárias e colocamos as tomadas de rede de acordo a distribuição no projecto do Layout. Para além das calhas poderá ser necessário colocar pontos de corrente establizada para os postos de trabalho. As tomadas de rede devem ser duplas para cada posto de trabalho.

3º Passo: Após terminar as interconexões da cablagem até ao destino na sala Técnica. Na sala técnica devemos crimpar com o crimpador a terminação dos pontos de rede no Patch Panel.

O Patchpanel, fica dentro de uma armário denominado Rack. O Tamanho dos Racks medesse em Us. Normalmente 16 Us, 22 ou 26 Us são Racks de Telecomunição. As Racks de 36 e 42 Us normalmente são Racks de Informática ou Tecnologia de Informação. Outra Caracteristica que difere as Racks é a profundidade. Normalemente as Racks com maior profundidade são exclusivas para Informática, propriamente dita para servidor, Storages. As Racks com menor profundidade são especificas para elementos de comunicação como o Patch Panel, o Switch, Router e Access Points.

Resumo

Após conclusão da fase de implementação passamos paraa fase de configuração na fase de configuração configuramos os elementos Hardware e Software envolvidos na Computação do Sistema de Telefonia.

Na fase da configuração temos de seguir os seguintes passos:

1º Escolha do Hardware que iremos usar na Telefonia. O Hardware é escalonado de acordo as necessidades de comunicação. Quanto maior o numero de usuário melhor o Hardware que deverá ser implementado. No presente caso practico escolhi o HP PROLIANT DL 165 G7

Figura 16:   HP PROLIANT DL 165 G7

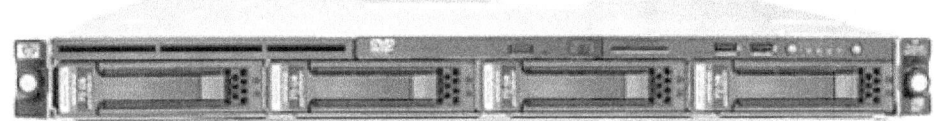

Configuração do Servidor do Hardware do Servidor de Telefonia.

4 Discos de 136 Gygabites.

4 Gygabites de memória.

Configuração do Raid: Raid 5 + Spare.

Software de Comunicação

O Software utilizado para comunicação é o Elastix, o Elastix é uma das implementações do Asterisk.

Elastix.

O Elastix é um servidor de comunicação unificada opensource. Está constituído pelas seguintes tecnologias.

CentOS – Sistema Operativo Linux

Aplicações

Asterisk; Ferramenta para construção de PBX-IP ou Analógico.

OpenFire; Servidor de mensagem instantânea:

Hylafax: Servidor de Fax

FreePBX: Interface gráfico customizado para PBX-IP do Asterisk. Implementa todas as opções de PBX-IP.

Todas os servidores do Elastix foram implementados no CentOS, foi desenvolvido um site em MySQL e PHP, que direcciona os interfaces gráficos dos diversos servidor. Sistema Operativo Servidor CentOs não possui interface gráfico para poupar recursos do processador e memória. O Interface gráfico é disponibilizado pelo portal que é propriamente dito a aplicação do Elastix. Depois de configurado é criado uma ISO, com um instalador tipo Grub ou Lilo no Linux que permite instalar a aplicação no disco Rigido local.

Instalação do Elastix

O Elastix pode ser instalado em dois cenários.

Cenário 1: Se não existir necessidade de interligação com a rede PSTN FIXA, ou seja se não existir necessidade de interligar com Hardware FXO, E1/T1 ou outro tipo de equipamento. Podemos instalar o Elastix virtualizado ou seja a instalação do Elastix pode ser virtualizada.

Cenário 2: Se existir necessidade de interligar com a rede PSTN, o Elastix deverá ser instalado em Hardware.

Após configuração do Hardware completa com configuração do raid. Podemos iniciar a instalação do Elastix.

Implementação do Cenário 2:

1º Passo : Aceder ao site do Elastix e baixar a versão estável. Atenção nunca instalar uma versão beta para produção.

http://www.elastix.org/index.php/en/downloads.html

Figura 17: Versão estável do Elastix.

Elastix PBX Appliance Software

Elastix 2.3.0 Stable

This is the stable release of Elastix 2.3.0.

Please select what you want to download 64 bit ▼ Download

Elastix 2.2.0 Stable

This is the stable release of Elastix 2.2.0.

Please select what you want to download 32 bit ▼ Download

Elastix Test Beta Packages

Elastix 3.0.0 Alpha1

This is the Alpha release of Elastix 3.0.0.

Download

Elastix 2.4.0 beta2

This is the Beta release of Elastix 2.4.0.

Please select what you want to download 32 bits ▼ Download

2º Passo após efectuar download do gravador Isso, para queimarmos a imagem em CD. No sistema Operativo Linux possuímos o K3b, excelente software para queimar imagens ISO em CD/DVD. Temos opção Opensource como o InfraRecorder e CDRDAO para o Windows.

3º Passo: Alteramos a Boot Order da máquina para arrancar a partir do CD ou DVD e iniciamos a instalação do Elastix com os seguintes ecrans.

Figura 18: Interface gráfico do Elastix, deverá clickar em enter para continuar.

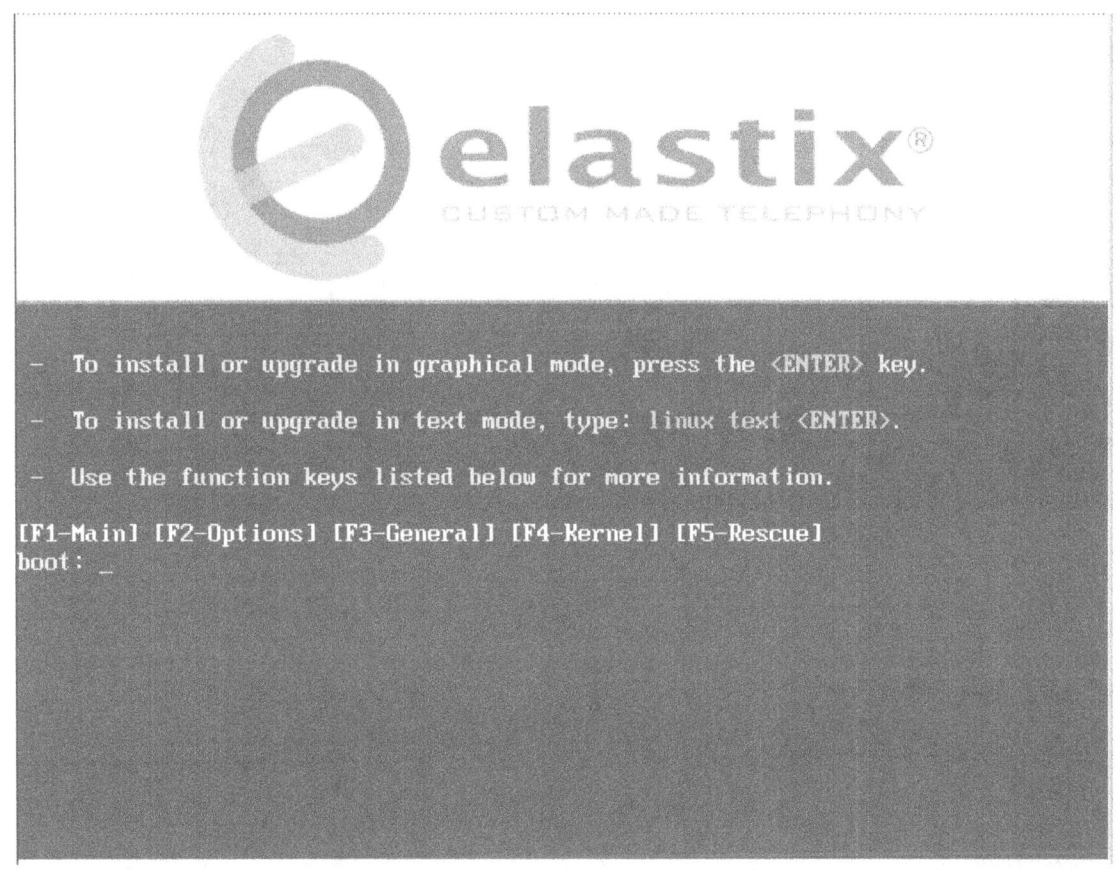

Figura 19: . Seleccionar a língua de instalação para instalação do Elastix.

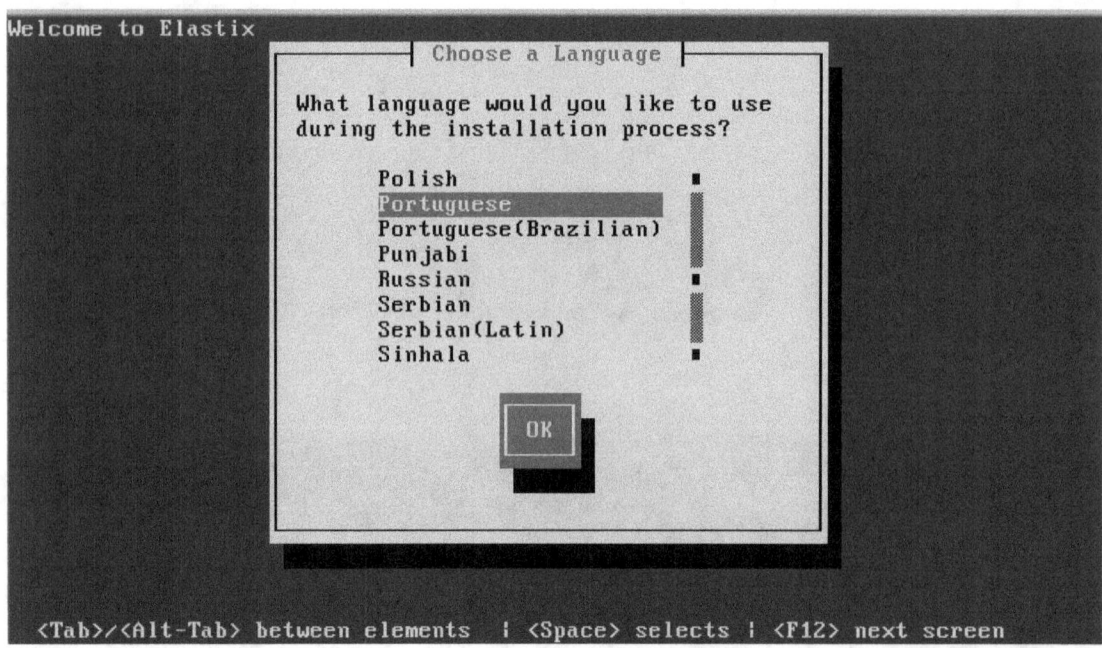

Figura 20: Escolhemos o tipo de teclado para a nossa Instalação.

Figura 21: Após este ecran, caso estivermos no cenário 2 , teremos o espaço configurado para o nosso Array com raid 5 + spare.

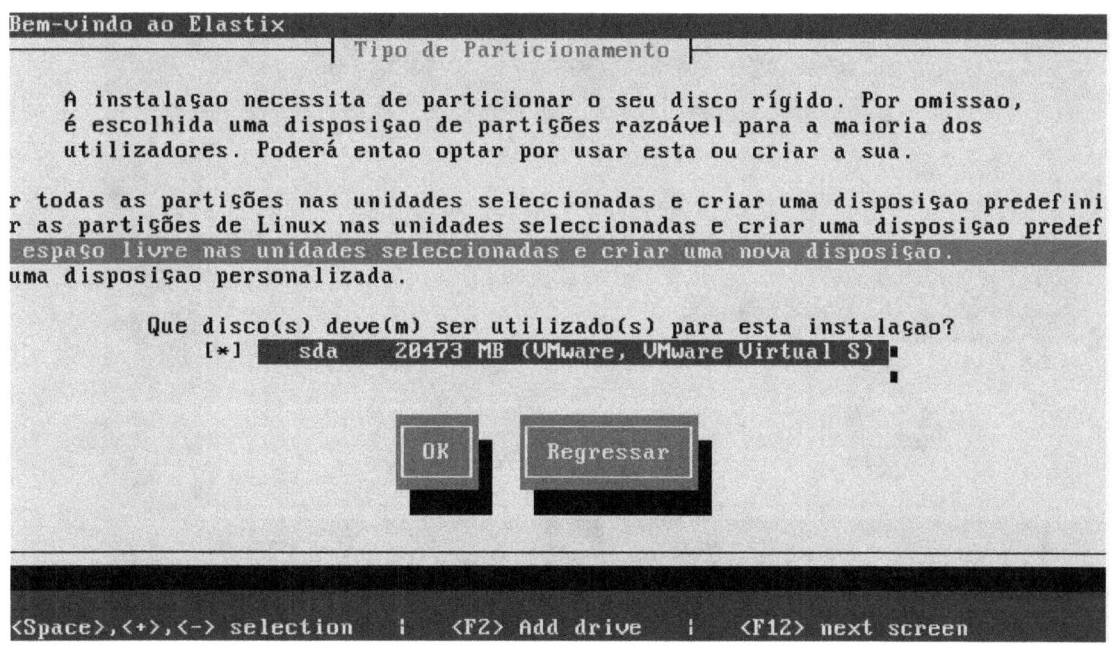

Figura 22:   Criação de Partições padrão pelo Elastix.

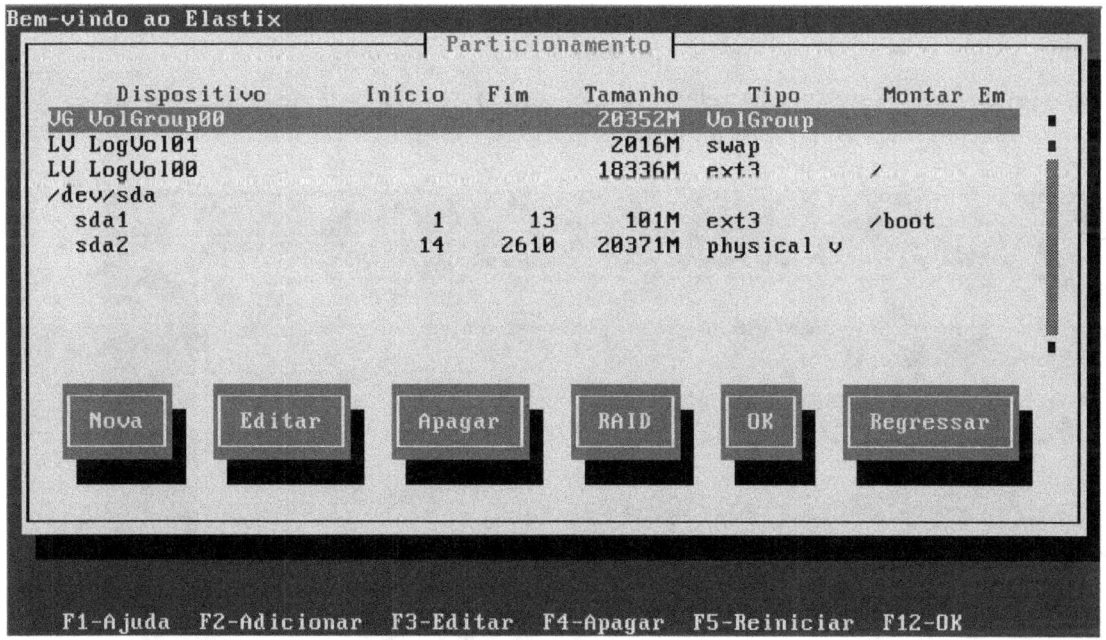

Figura 23:   Configuração da Placa ou Placas de Rede

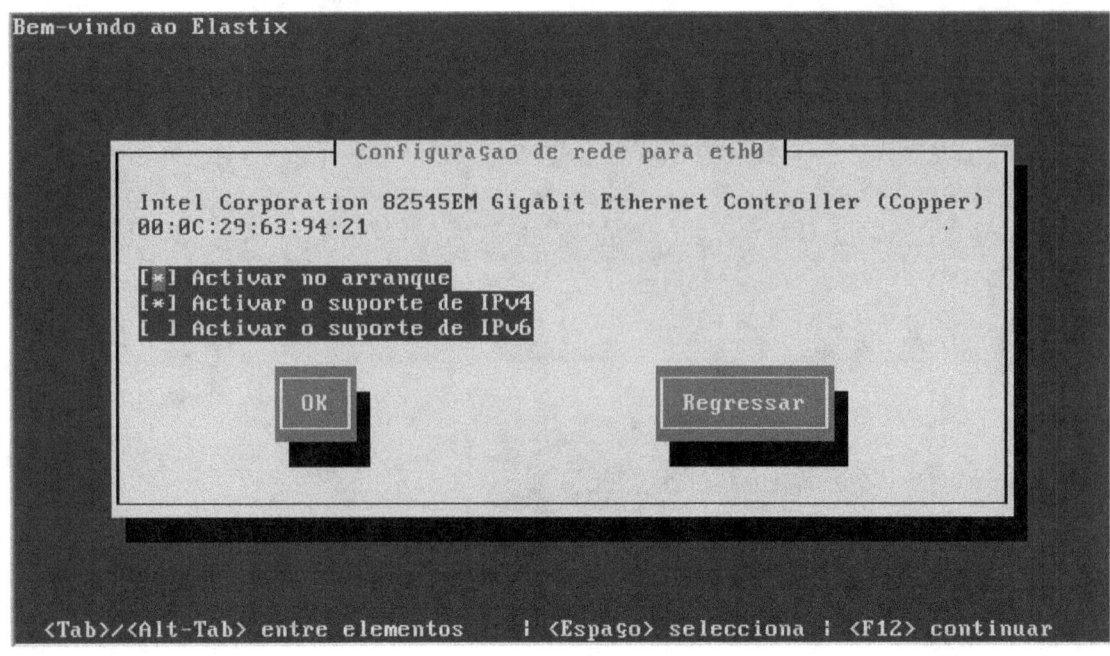

Figura 24: Sendo um servidor de telefonia, deverá possuir um IP estático, porque provalmente será o DHCP server da rede ou VLAN onde se encontra.

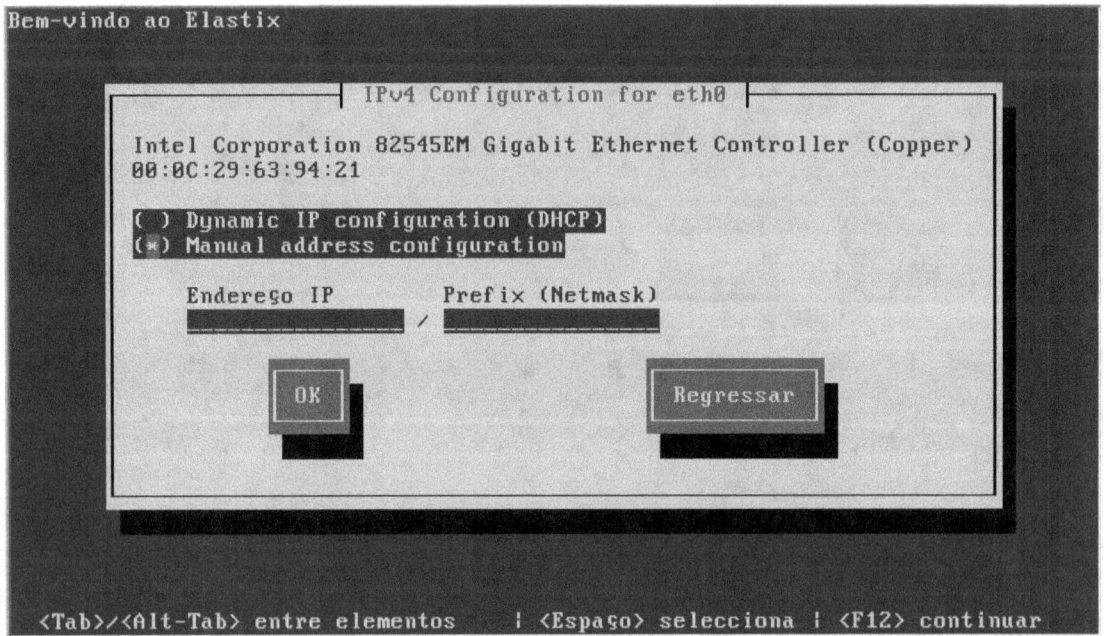

Figura 25: Configuração do Nome da Máquina. Neste exemplo o nome da máquina UCSERVER.

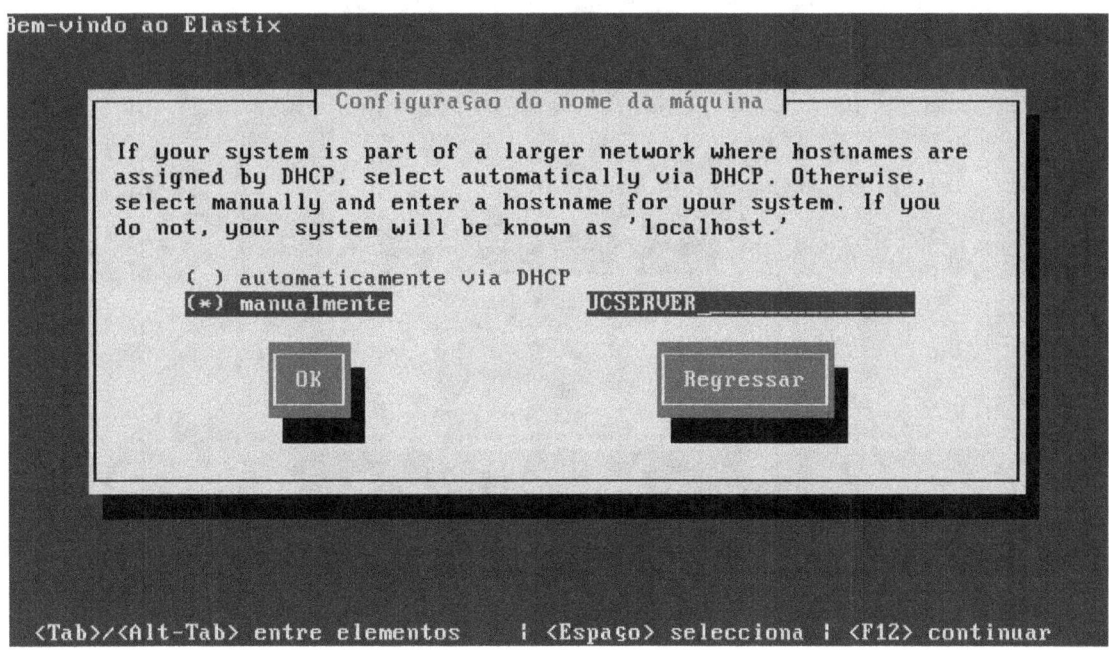

Figura 26: Acertar o Relogio do Sistema do Elastix.

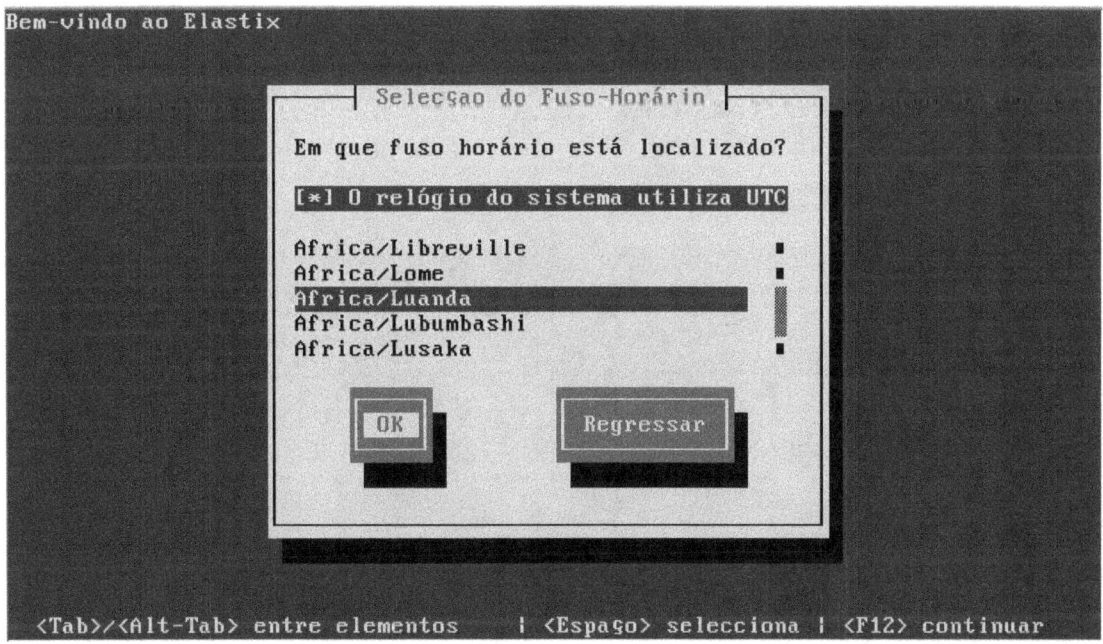

Figura 27: Adicionar uma Palavra Passe.

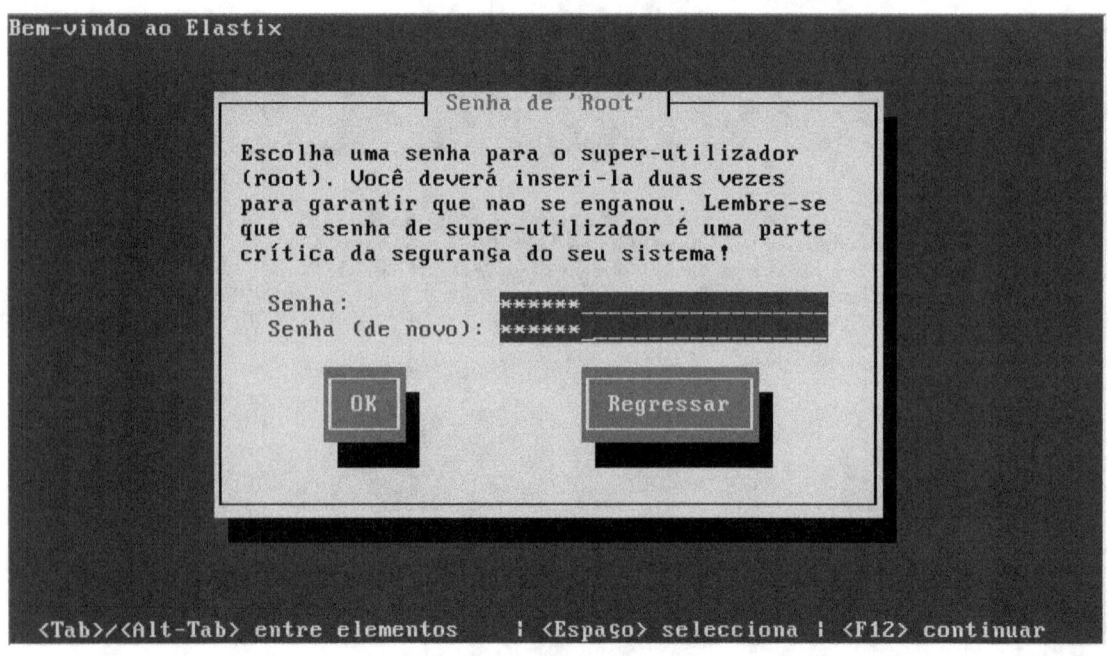

Figura 28: Inserir palavra passe para instalação do MySQL, para guardar informação da base de dados de Telefonia, a palavra passe deve possuir requisitos de complexidade, uma mistura de maisculas com minúsculas e caracteres especiais.

Figura 28: Inserir palavra passe para Administração do site do Elastix.

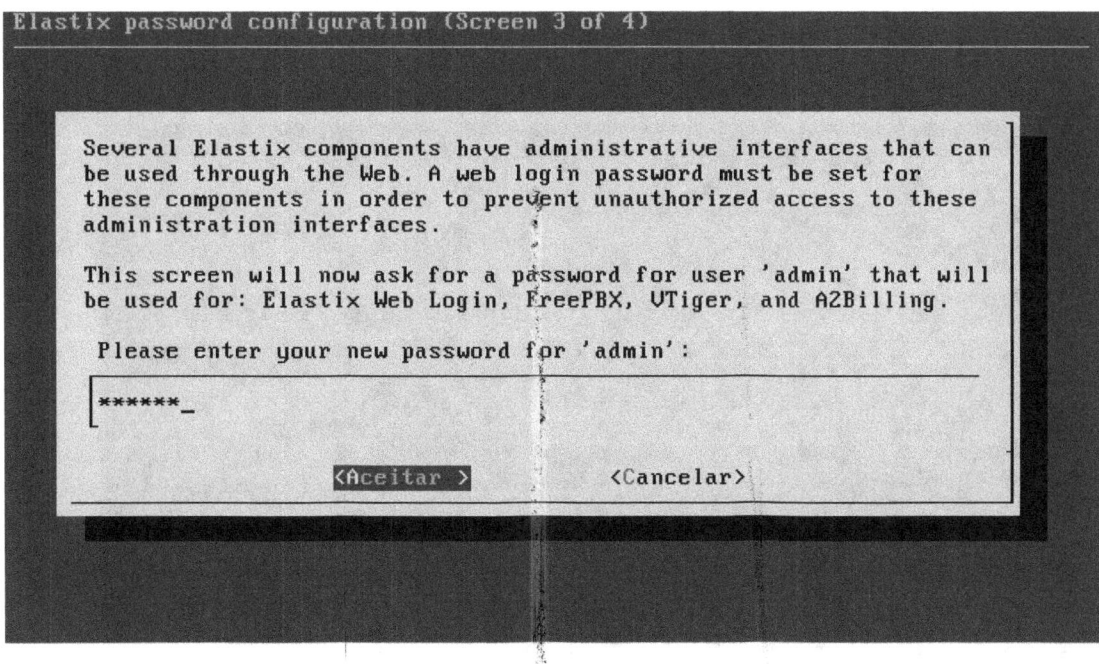

Figura 29: Asterisk instalado e funcional pronto para entrar em produção.

Figura 30: Ao efectuarmos log on no CentOs deparamo-nos com o url para abrirmos o Interface gráfico do Elastix.

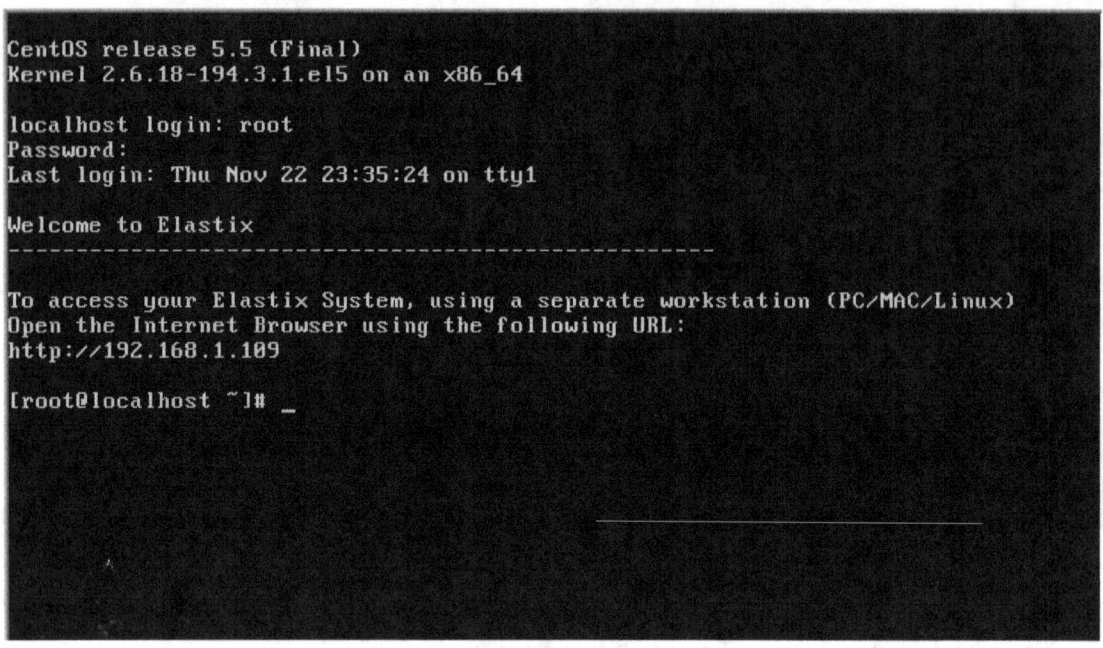

Figura 31: Interface gráfico do Elastix

Abrir o browser e colocar o ip que aparece depois de efectuarmos log on no Elastix. Abrirnos o Interface gráfico do Elastix, constituído por diversos sub menus, nomeadamente; Sistema, Agenda, Email, Fax, PBX, IM (Mensagem Instantanea), Relatórios, Extras e Addons.

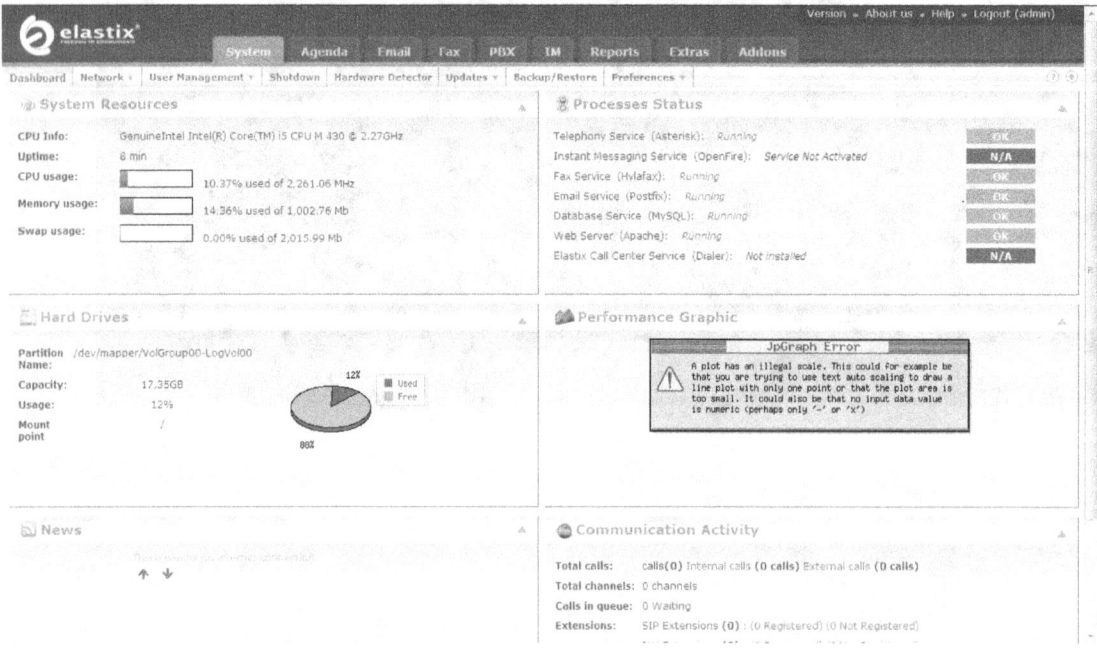

Explicação detalhada de cada um dos menus.

Figura 32: Interface gráfico do Menu Sistema,

O Submenu Dashborad, fornece informação resumo sobre o Sistema do Elastix.

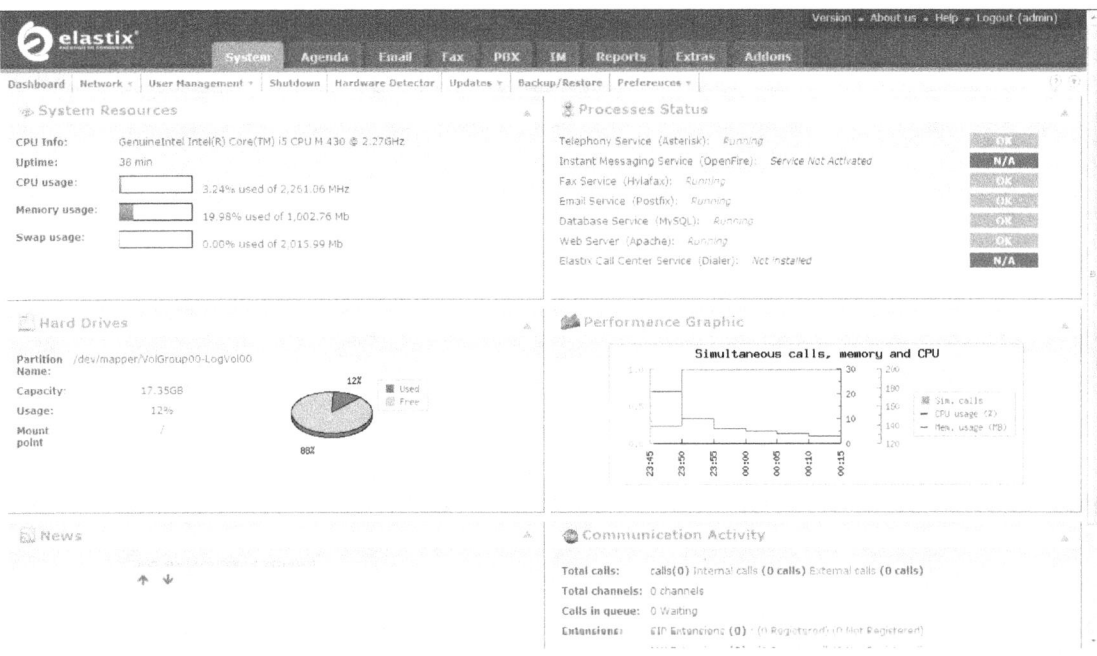

O Submenu Network, possibilita-nos efectuar configuração dos parâmetros de rede embora não funciona em alguns interfaces gráficos.

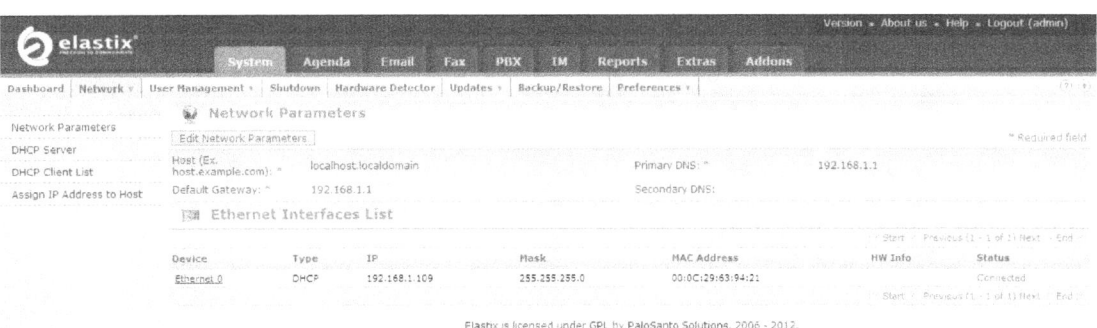

Submenu UserManagement, permite efectuar gestão dos utilizadores e editar os perfis para cada utilizador.

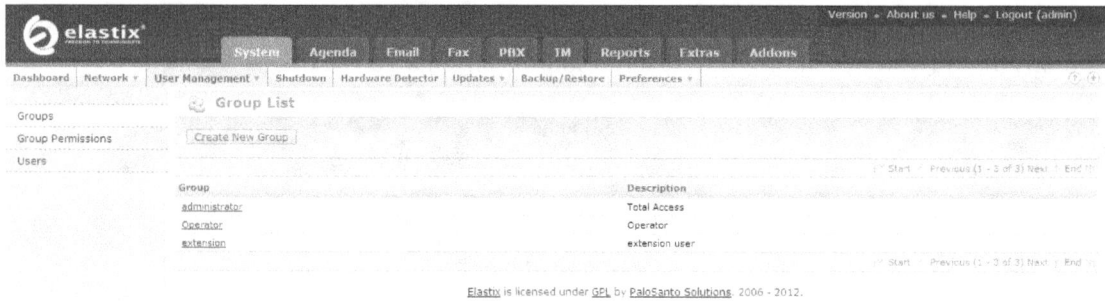

Submenu Shutdown, permite desligar e reiniciar o servidor de comunicação unificada.

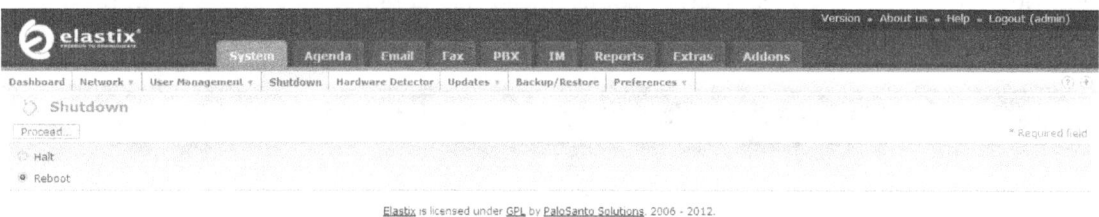

Submenu Hardware Detector, é usado para detectar todo o hardware que é adicionado na central telefonica pelo interface PCI ou algum hardware de rede compatível com Asterix e Elastix.

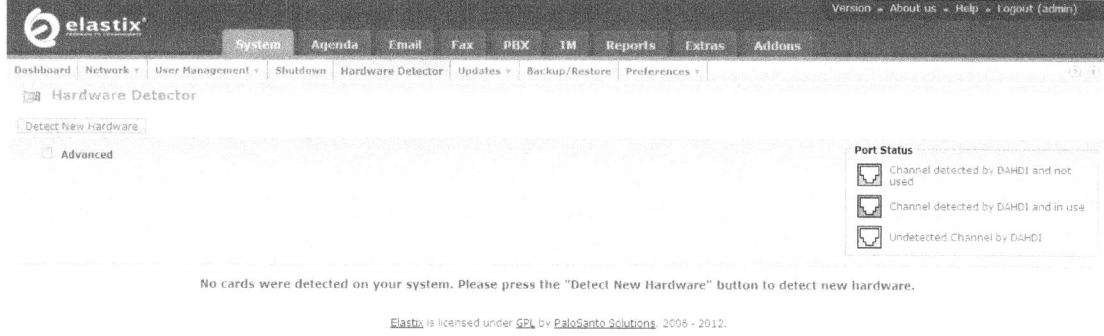

Submenu de updates utilizado para efectuar updates do pacote da aplicação.

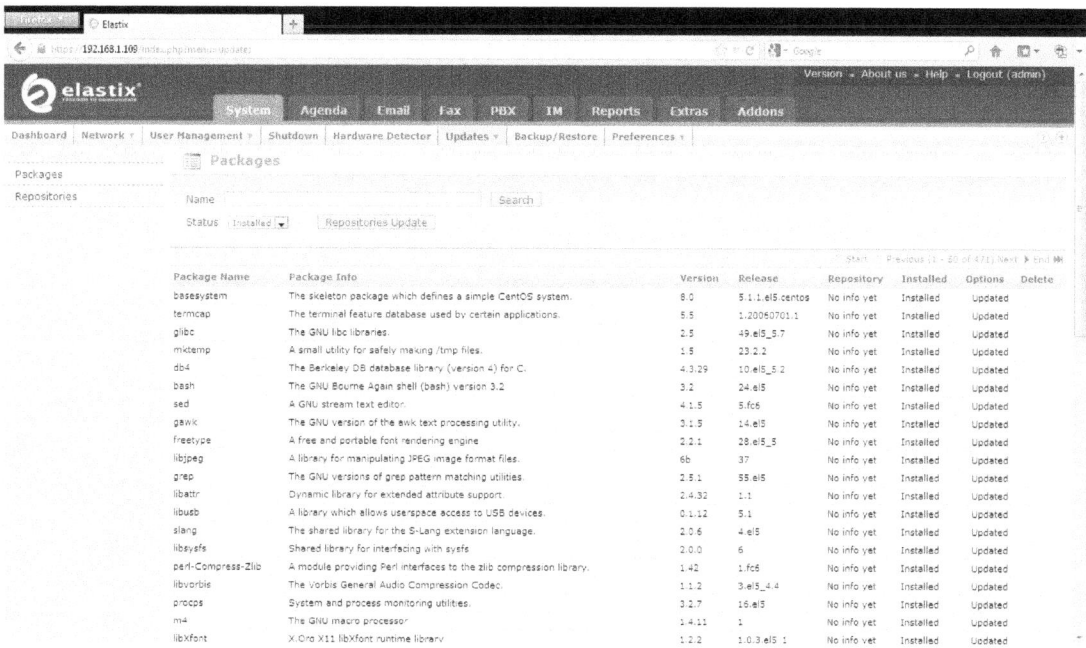

Submenu Backups, usado para efectuar Backups automáticos ou manual.

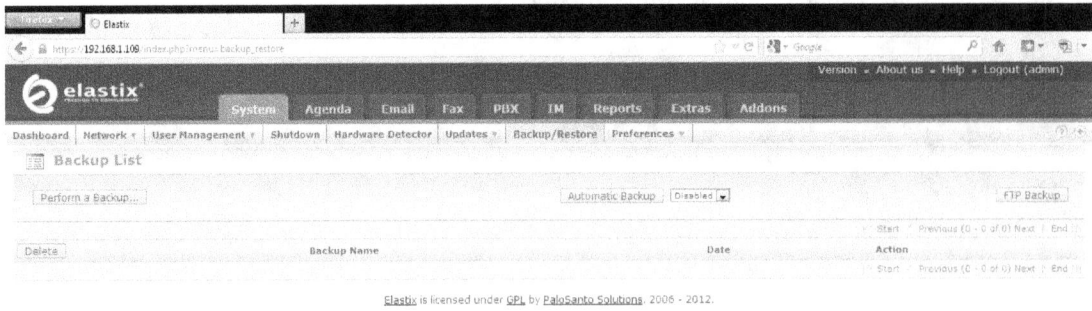

Submenu Preferencias, para mudar o aspecto do Layout, mudar a língua e a data.

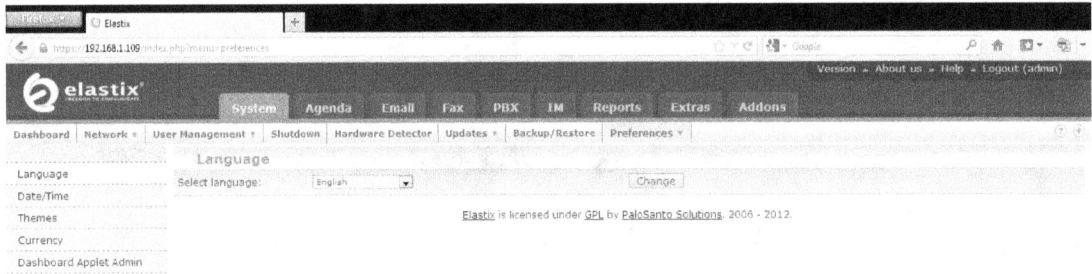

Menu Agenda

No Menu agenda podemos efectuar agendamento das actividades de acordo as nossas necessidades.

Submenu Calendario, podemos efectuar agendamento de diversa actividade.

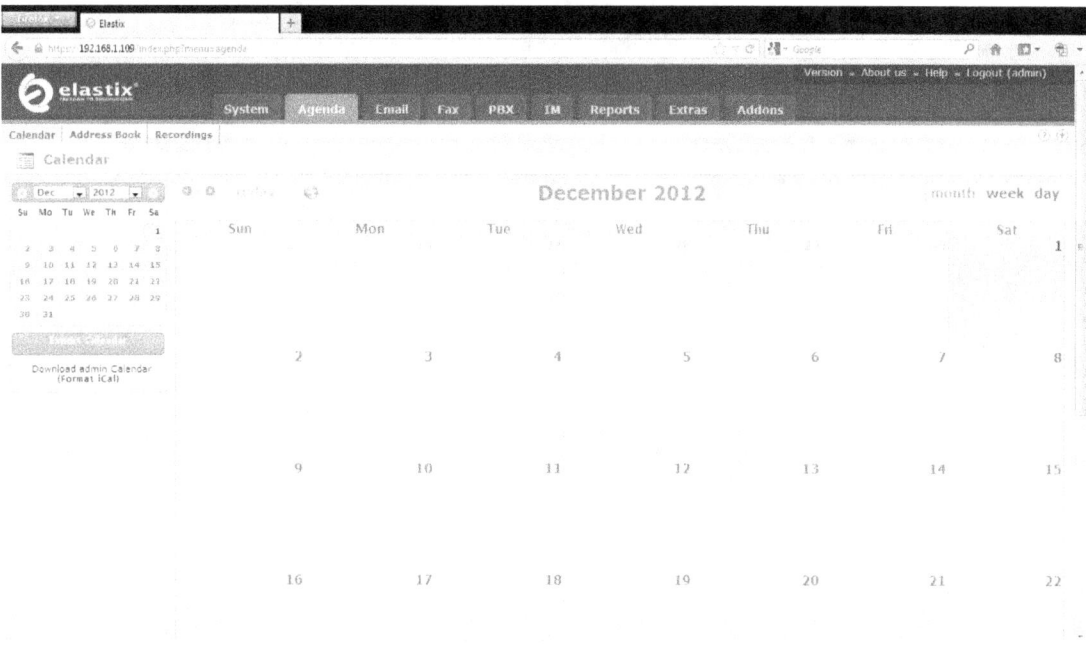

Submenu Livro de Endereços (Address Book)

Criamos contactos individuais para a nossa agenda de endereçamento.

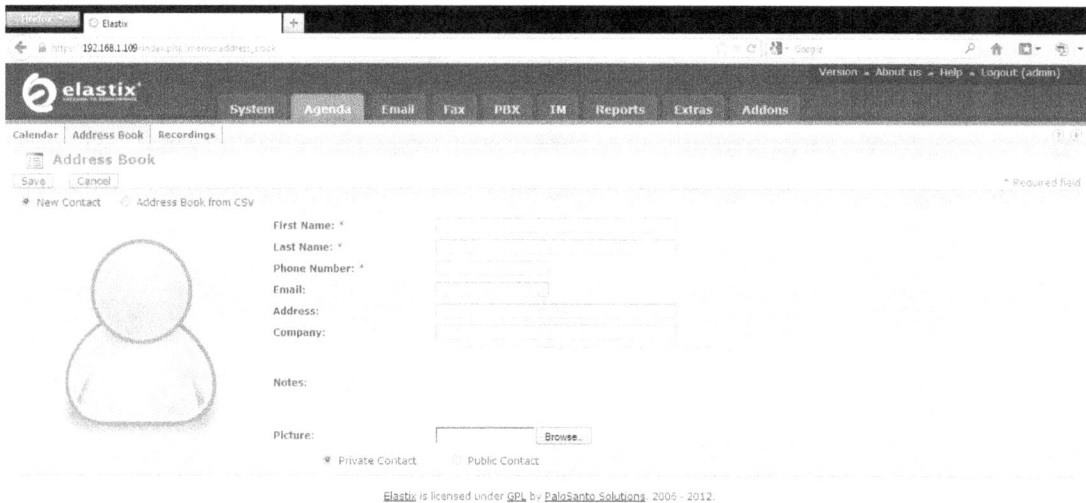

Submenu Gravaçoes (Recordings)

Usado para efectuar gravações generalistas, especialmente aquelas relacionadas com o sistema de som do Elastix.

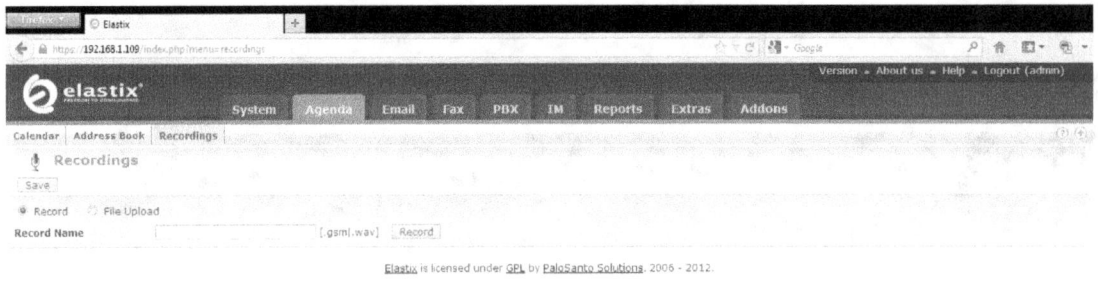

Menu Correio Electronico (Mail); Permite manuseio do servidor do correio electrónico e possui vários outros submenus.

Submenu Dominio

Permite assignar os domínios criados em algum provedor de domínio de correio electrónico ao Elastix, com o domínio será possível enviar e receber correio electrónico.

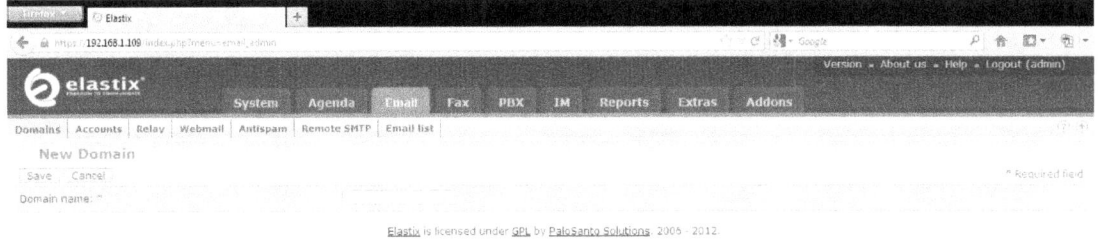

Submenu Contas (Accounts)

Permite criar e gerir contas de correio electrónico associado a determinado domínio

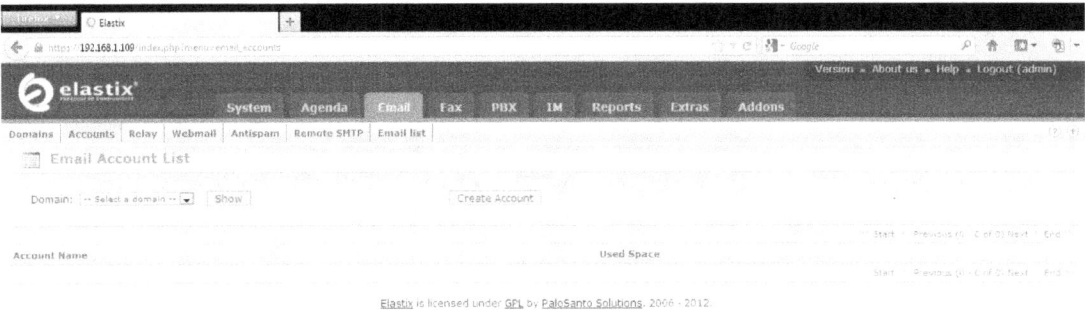

Submenu Relay

Permite escolher a Virtual Lan (VLAN) ou LAN onde acreditada para receber e enviar correio electrónico.

Submenu Webmail

Cliente de emais que permite visualizar o correio electrónico enviado. Poderá usar este cliente de correio electrónico como qualquer outro cliente de correio electrónico como o Outlook, o Mozilla Thunderbird . .

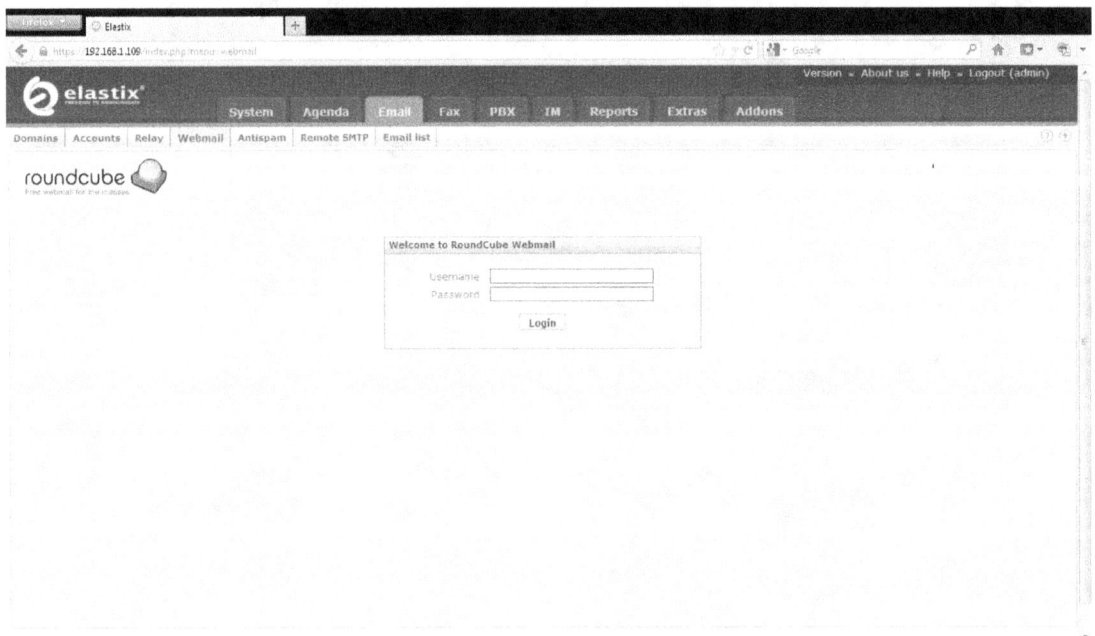

Submenu AntiSpam

AntiSpam para o servidor do correio electrónico.

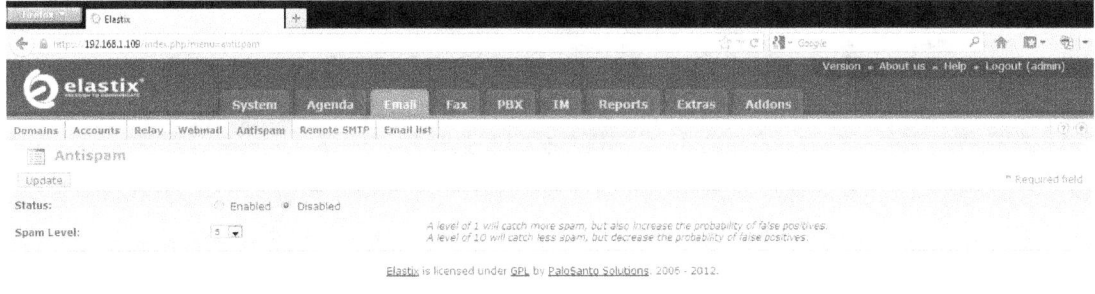

Submenu SMTP Remoto (Remote SMTP)

Permite efectuar a configuração para servidor SMTP, permite enviar correio electronico

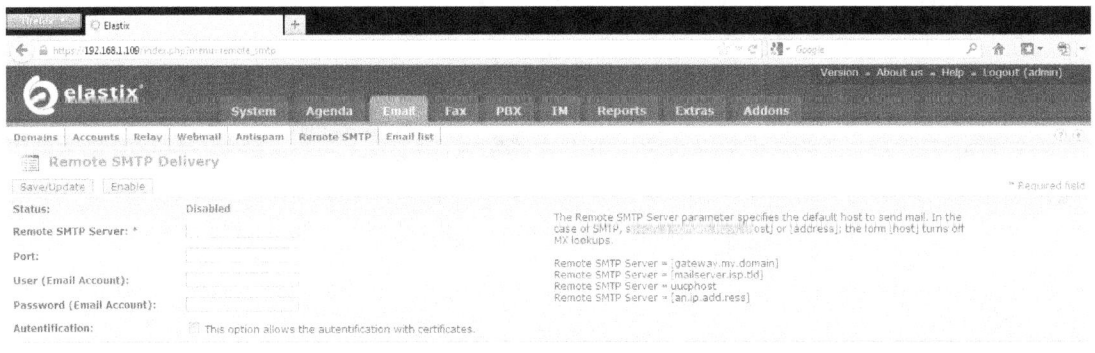

Submenu Lista de correio electrónico

Permite adicionar a lista de correio electrónico de acordo a determinado servidor de correio electrónico

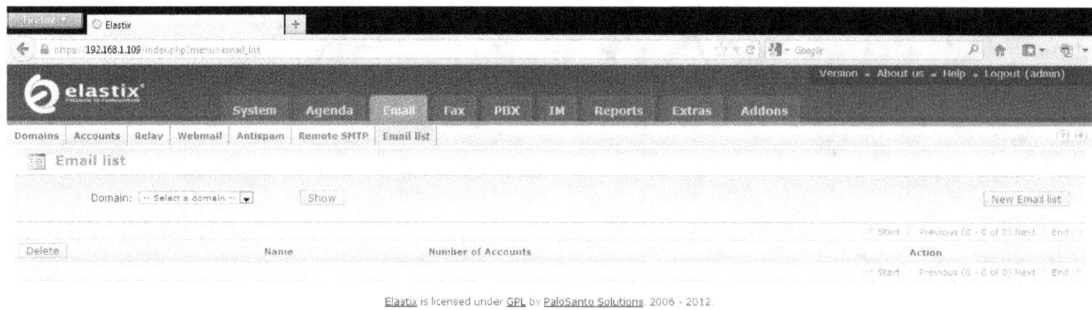

Menu Fax ; O Elastix vem predefinido com um servidor de fax, que permitira enviar e receber faxes, apartir de qualquer cliente de fax.

Submenu Virtual Fax,

Permite receber e enviar e receber faxes.

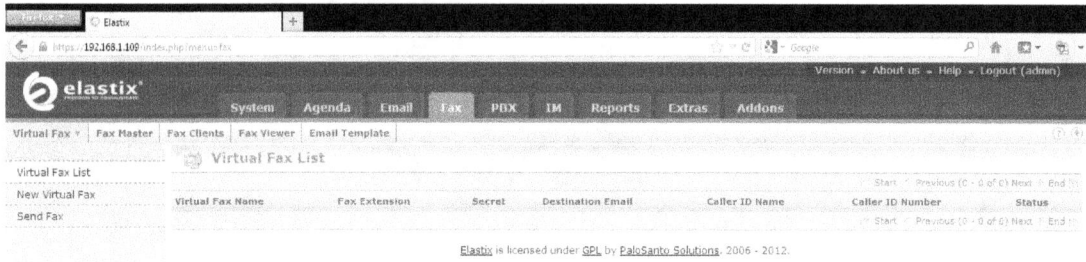

Submenu Fax Master

Possiblita a criação de um endereço de correio electrónico para inserir o correio electrónico que recebe e envia os faxes por e-mail

Submenu Fax Clientes

Permite seleccionar a rede que vai receber os faxes.

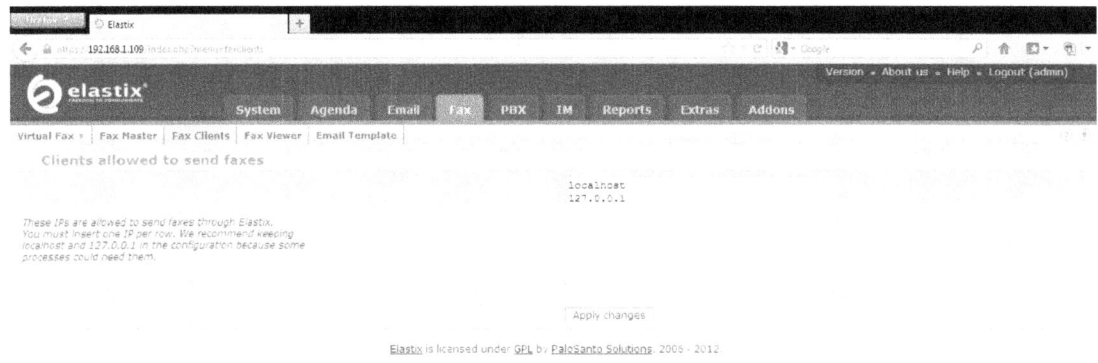

Submenu Fax Viewer (Visualizador de Fax)

Permite visualizar os faxes enviados.

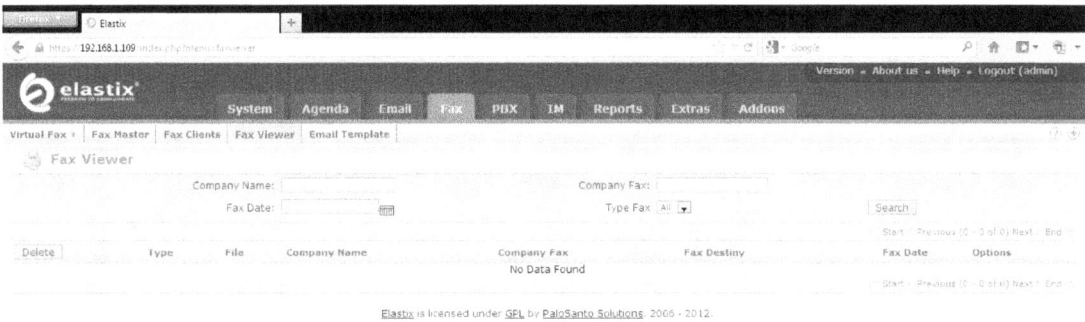

Submenu Template de Correio Electronico

Permite elaborar um template que será enviado automaticamente sempre que tiver que enviar determinado correio electrónico.

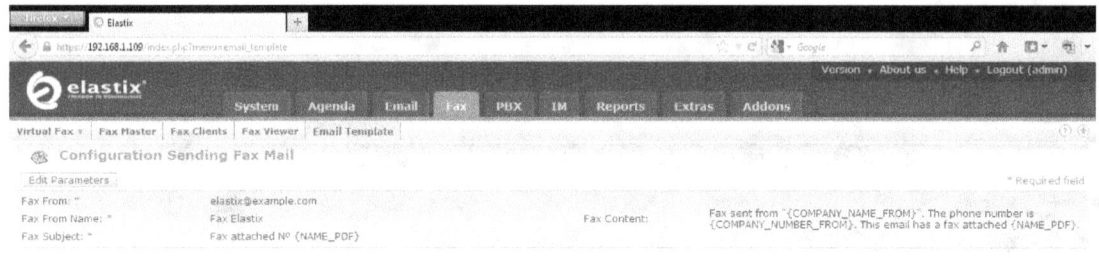

Menu PBX

No menu PBX, possuímos outros submenus que facilitam na configuração da central telefonica. Este é o menu que servirá de base para o presente curso.

Submenu Configuração de PBX

Neste submenu possuímos as funcionalidades necessárias para configuração do PBX.

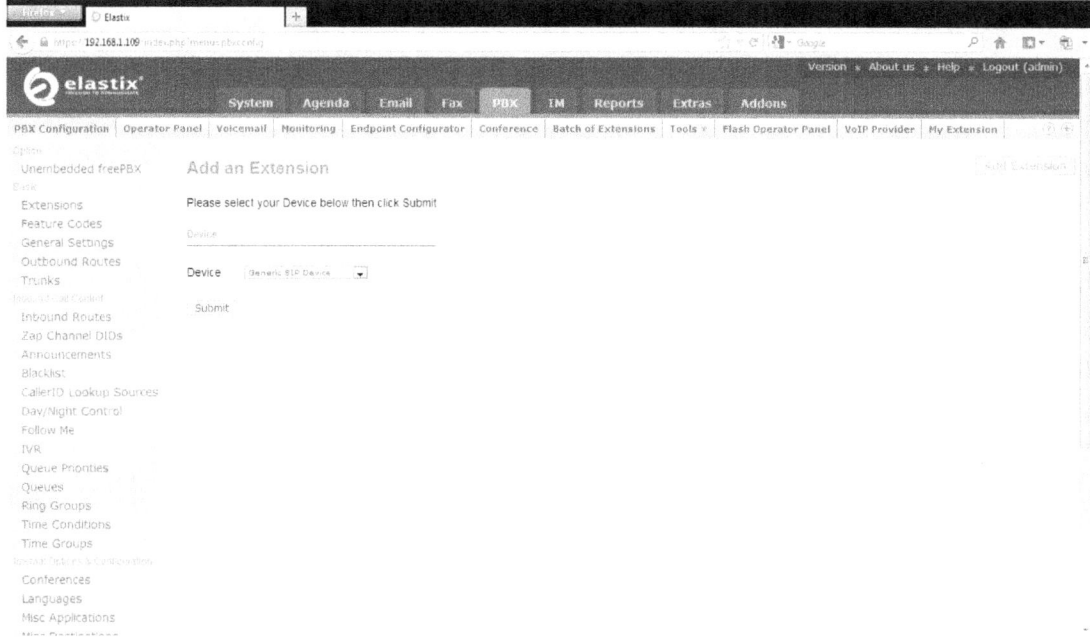

Submenu Painel do Operador (Operator Panel)

Neste opção temos como visualizar as extensões configuradas no Elastix.

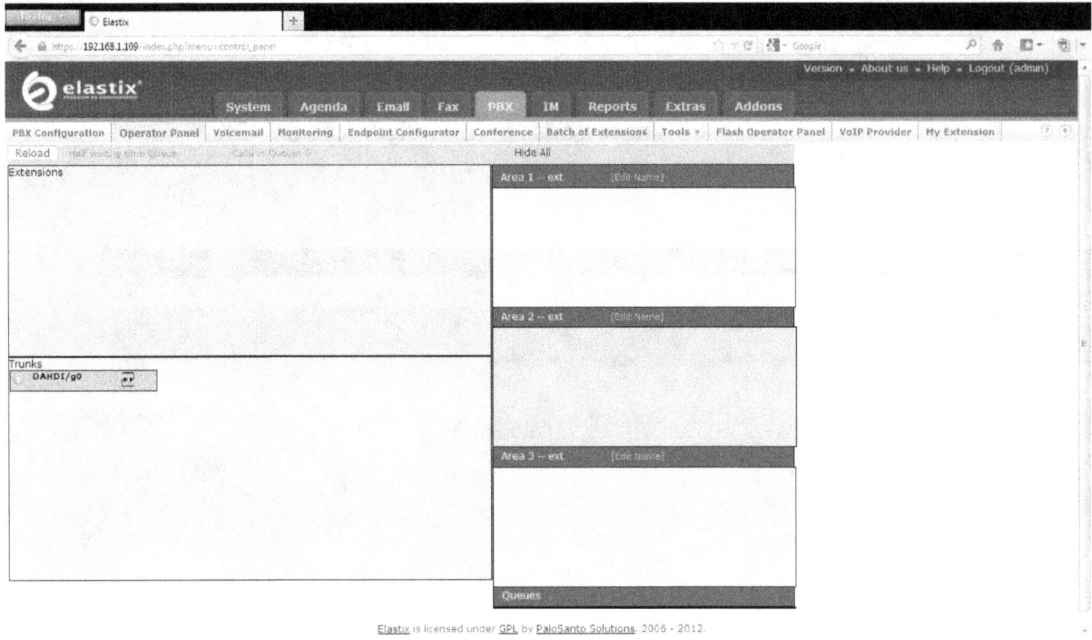

Submenu VoiceMail

Permite guardar as mensagens de voice mail enviadas para determinada extensão telefonica.

Submenu Monitorização (Monitoring)

Permite efectuar monitorização das chamadas recebidas e enviadas por determinada extensão dentro da rede de comunicação.

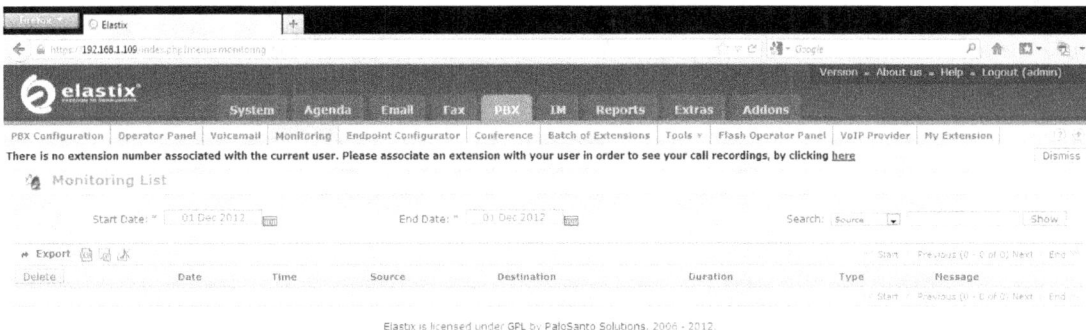

Submenu EndPoint Configurator

Permite configuração automática de telefones VoiP. Descobre e detecta telefones físicos Voips que não foram configurados.

Submenu Conference

Permite criar salas de conferencia, onde duas ou mais extensões podem estar conectadas entre si.

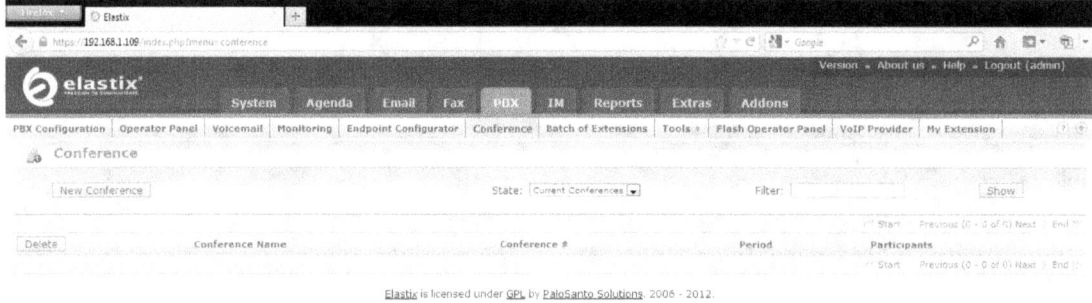

Submenu Batch of Extensions

Permite criar várias extensões simultaneamente por upload de arquivo de configuração txt.

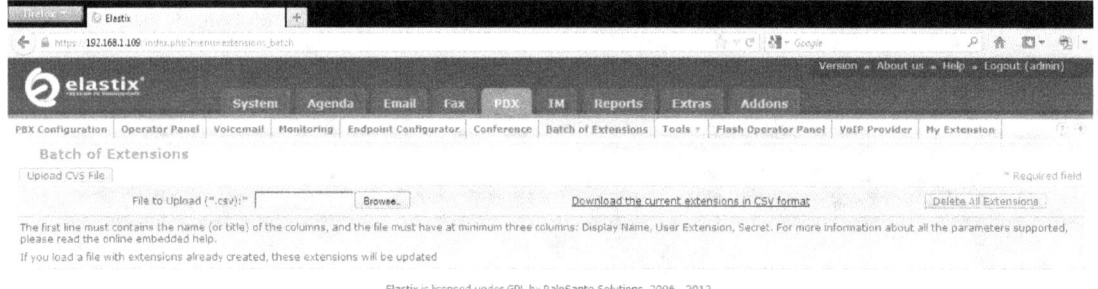

Submenu tools

Ferramentas como sistema de arquivos do Asterisk, linha de comandos que permitem gerenciarem as potencialidades do Elastix.

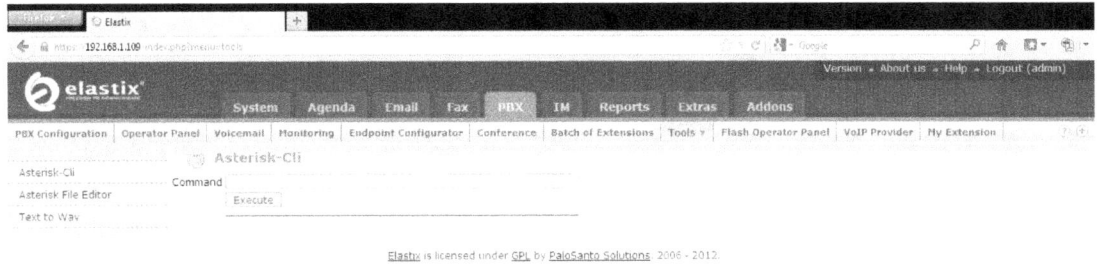

Submenu Operador Flash

Permite verificar as extensões usando o painel de extensões Flash.

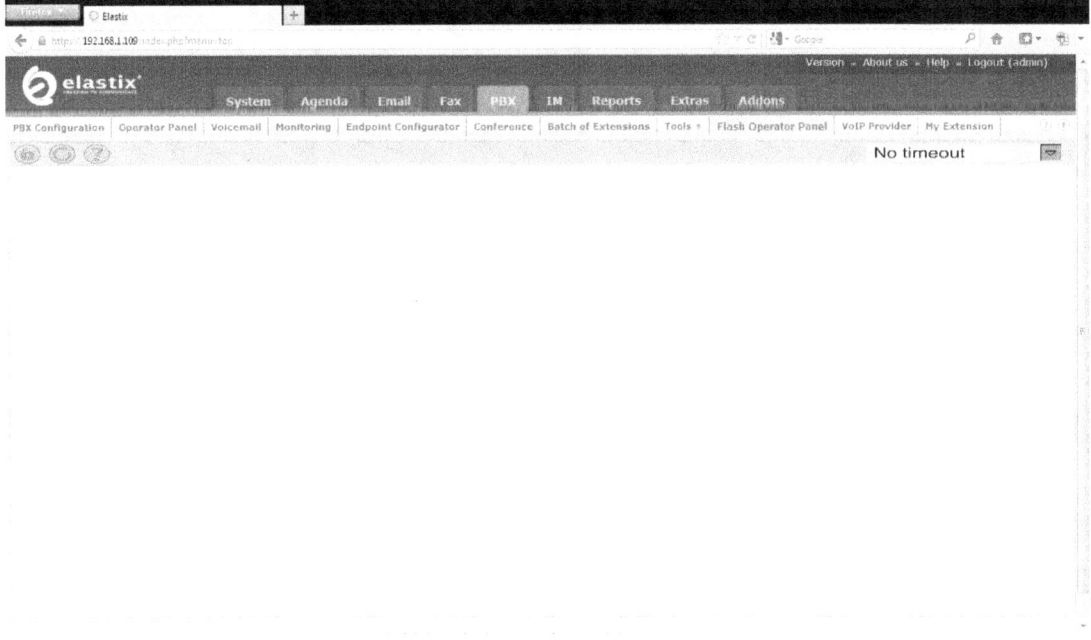

Submenu Voip Provider

Permite associar o Asterisk a um Provedor Voip, assignado na Internet e faculta as chamadas Voip para Voip e Voip para PSTN.

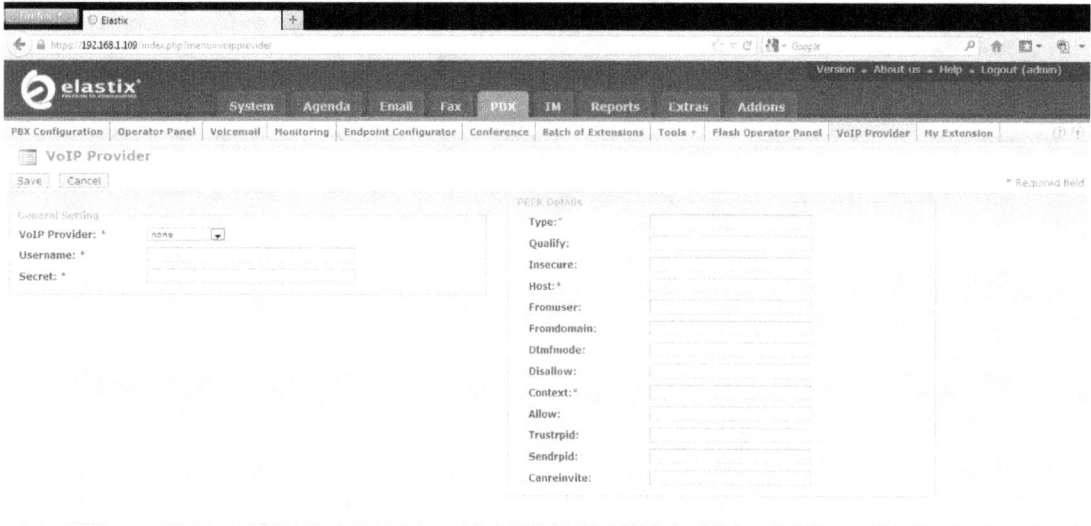

Menu IM (Mensagem Instantanea)

Permite usar o servidor Openfire para enviar e receber mensagens de texto.

Menu Relatórios (Reports)

Permite gerar relatórios automatizados relativos ao funcionamento da Central Telefónica.

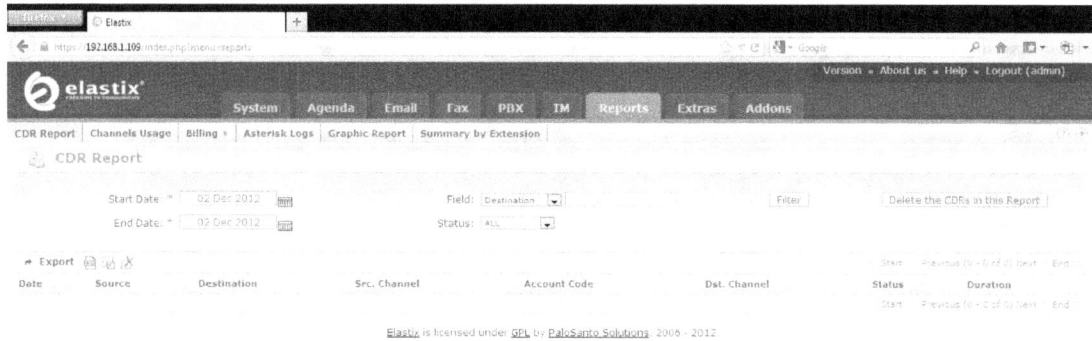

Submenu CDR Report

Permite gerar relatórios CDR do PBX – IP

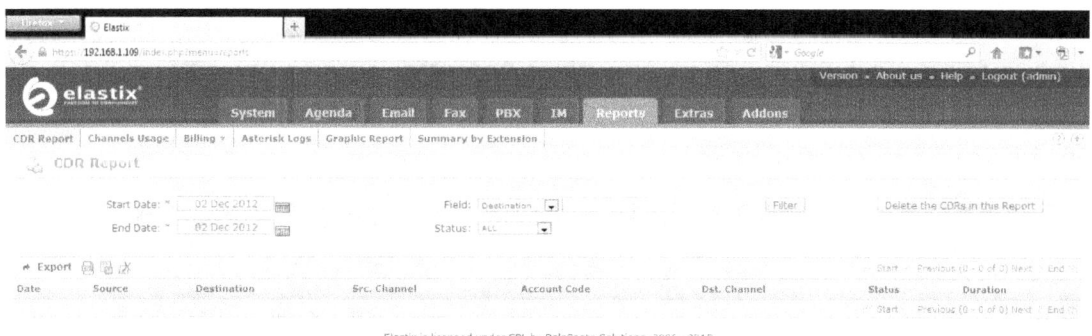

Submenu uso do Canal

O Asterisk, permite configurar vários canais de transmissão de voz, canais SIP, IAX, PSTN, H323, etc.

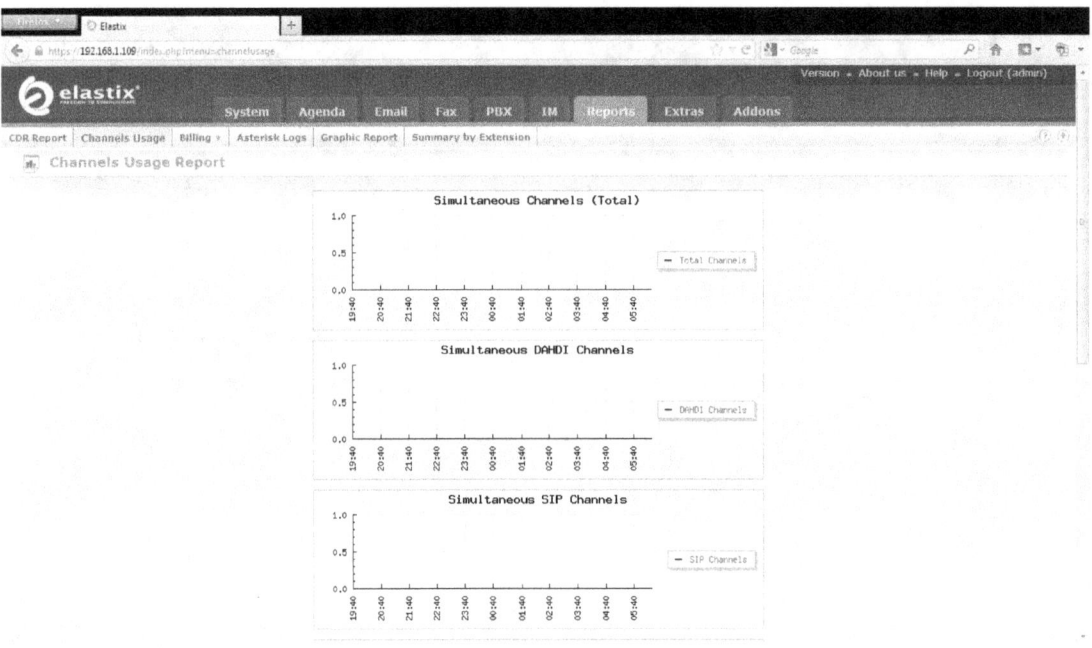

Submenu Taxação (Billing)

Permite definir o facturamento da conta para determinada extensão, podemos usar o esta funcionalidades para comprar chamadas externas ou diferenciar o custo entre chamadas entre canais associados a cada extensão.

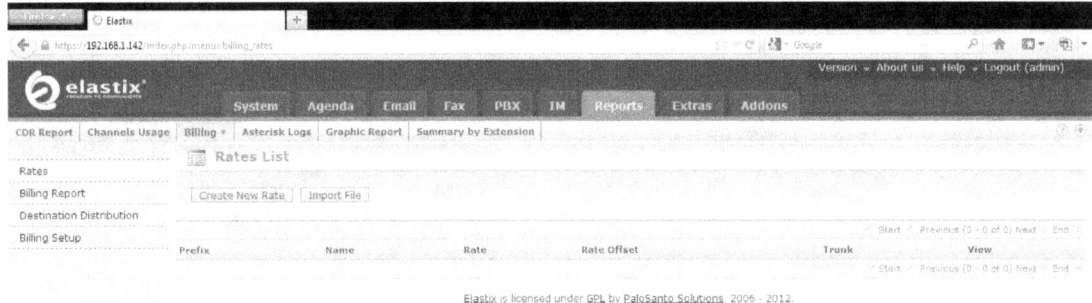

Submenu Logs do Asterisk

Fornece informação detalhada sobre os eventos de Log relacionados ao Asterisk.

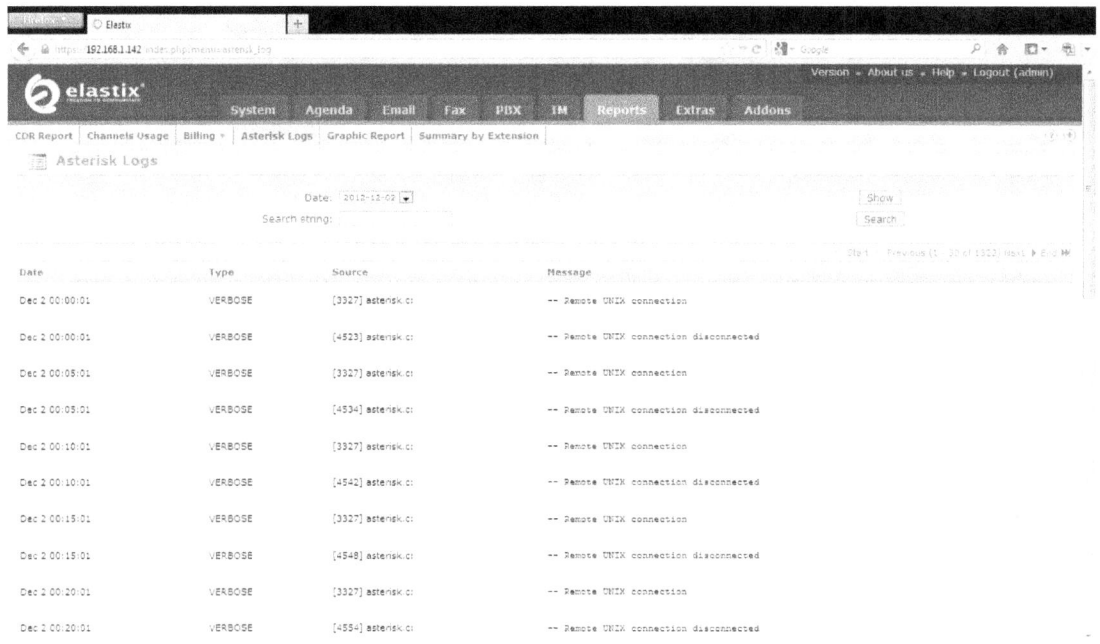

Submenu Relatório Gráfico (Grafic Report)

Fornece informação em forma de gráfico, sobre o uso de canais, extensões e filas. As filas são usadas em casos especialistas como comunicação para Help Desk e Call Centers.

Submenu Sumário por Extensão

Fornece um relatório síntese sobre o estado das ligações de determinada extensão.

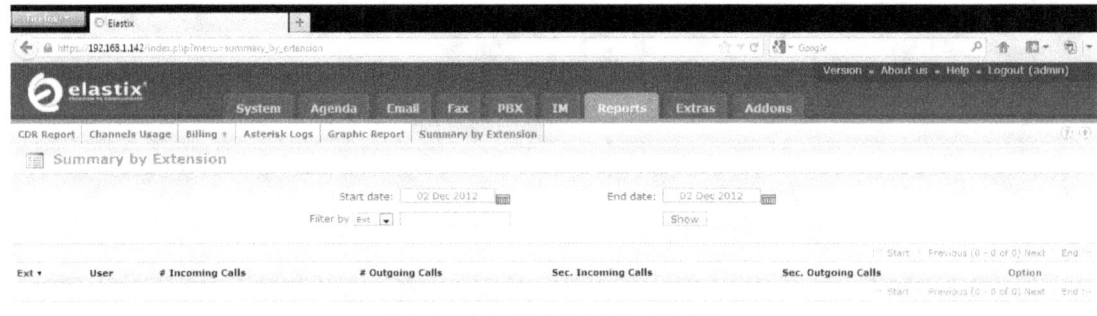

Menu Extras

Fornce uma série de aplicações que normalmente sãoAddons do Elastix, estas aplicações uma vez instaladas estão customizadas para estarem interligadas ao Asterisk.

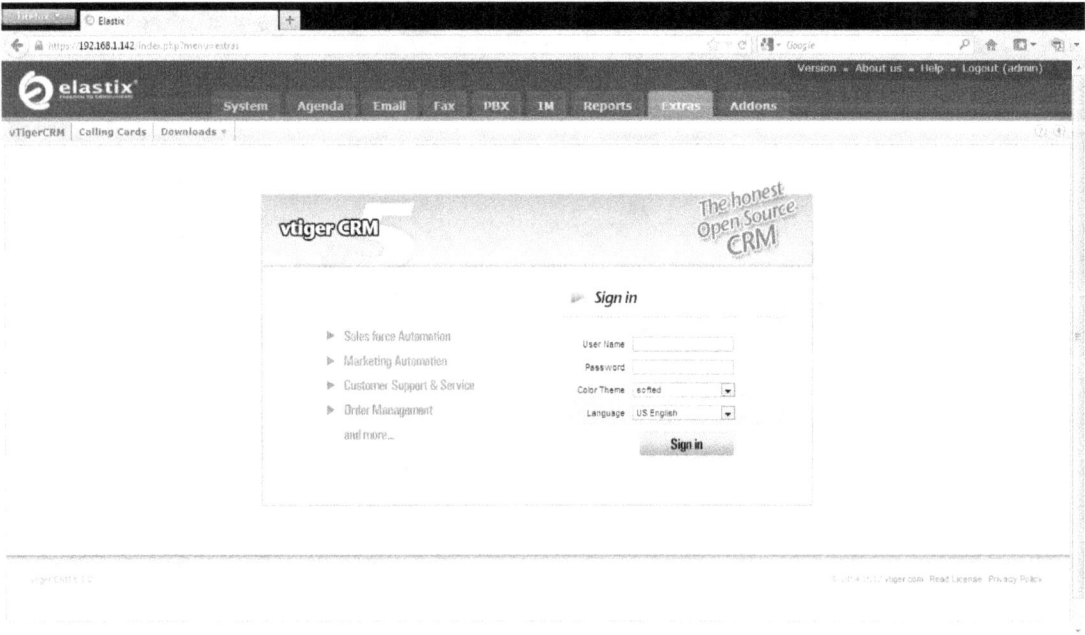

Submenu VtigerCRM

O Vtiger CRM, como o nome indica é um CRM (Customer Relationship Management) que pode ser utilizado para gestão de call centers e Help desks.

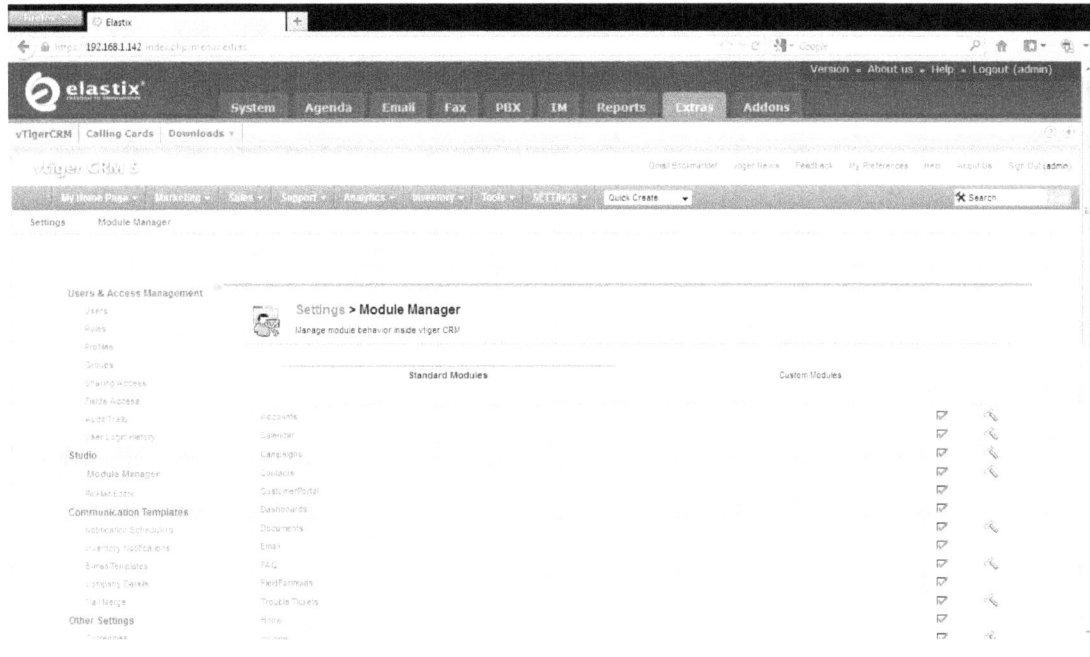

Submenu Cartão para Chamadas (Calling Cards)

Esta funcionalidade permite criar cartões para efectuar chamadas, gera um determinado código de senha que o Sistema Asterisk válida e aceita.

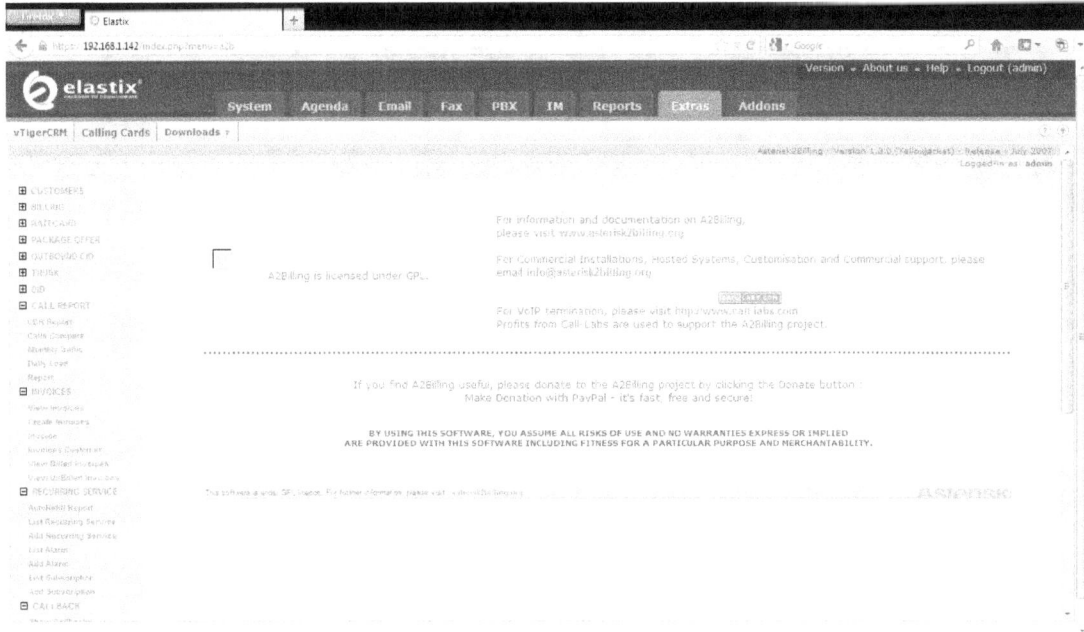

Submenu Downloads

Fornece a opção de efectuar Downloads de Software necessários para telefonia. Com software cliente para Softphone, Hylafax e mensagem instantânea.

Menu Addons

Permite seleccionar e comprar alguns aplicaticos que estão associados ao Asterisk ou algum outro Software.

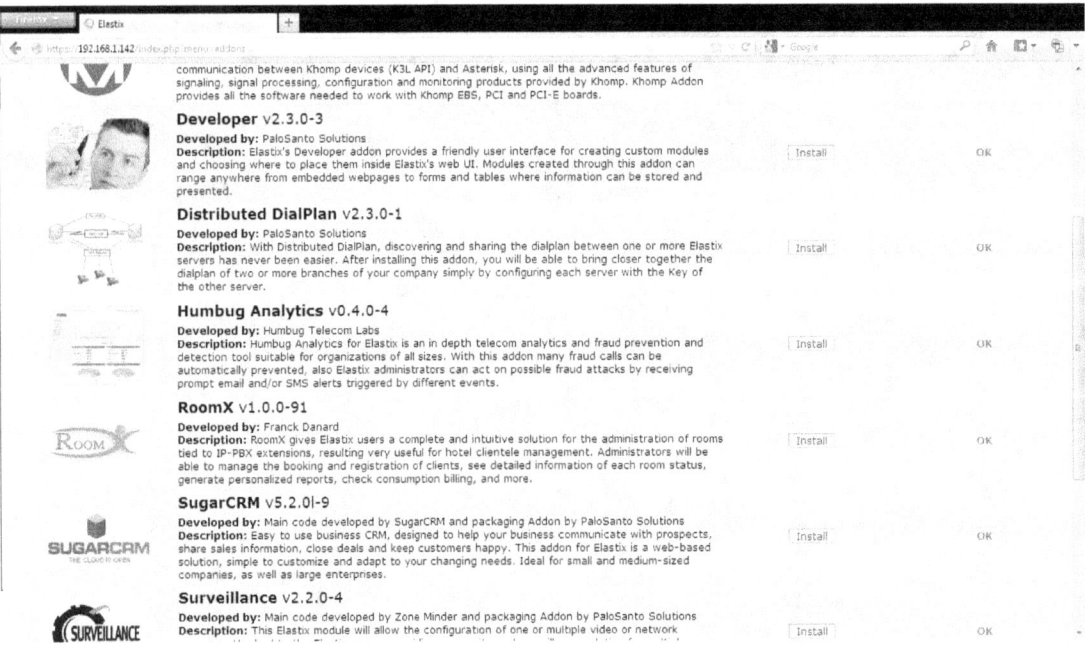

Diverso Software ou módulos como o modulo SugarCRM que permite efectuar CRM e está agregado ao Asterisk-

Nota: Não abordaremos exaustivamente sobre o Elastix, porque o Sistema suporta Comunicação Unificada (Correio Electronico, Telefonia, Fax, Video Conferencia, Mensagem Instantanea , etc), o presente trabalho esta focado essencialmente em telefonia e não em comunicação unificada, para continuarmos o objectivo vamos debrucarmos sobre o menu pbx (Servidor Asterisk) e menus associados para aprofundarmos o estudo sobre telefonia.

Caracteristicas do Servidor Asterisk

O Servidor Asterisk é essencialmente um PBX- IP, que controla o funcionamento da voz e vídeo dentro e fora de uma rede corporativa.

PBX-IP

Voice Mail

Gateway

Servidor Asterisk é essencialmente um PBX-IP, que controla o funcionamento da telefonia e interliga diversos canais, analógico, digital e todos os canais de telefonia existentes na actualidade. É igualmente um gateway, porque permite interligação de diferentes Servidores Asterisk pelas redes metropolitanas, wan e internet. Funciona como IVR (Recepcionista automática e VoiceMail). Uma das implementações do Asterisk é como PBX-IP, embora que as funcionalidades do Elastix está confinada ao protocolo usado, os protocolos SIP e AIX permitem simplesmente voz sobre IP, mas os protocolos baseados em H323, XMPP e MP323 permitem o envio da voz e vídeo e igualmente texto. Sendo assim as aplicações do Asterisk são infindáveis. Pode ser implementado como PBX-IP, Servidor de Comunicação Unificada (Voz, Video e Mensagem Instantanea) e gateway para interligar dois servidores geograficamente separados pela Internet, os seus usos são infidáveis. Serve igualmente como CCTV, pode-se customizar o Elastix para trabalhar com os protocolos de H323, http e https para poderem enviar imagens de camaras para qualquer parte do globo terreste, associado a dns e algum portal de internet.

No Presente trabalhos vamos debruçar na Aplicação do Elastix direccionada para o Telefonia ou seja PBX-IP, com as características de servidor de Lan, servidor de gateway, voicemail.

O Interface gráfico Free-PBX, é uma ferramenta open Source que está exclusivamente relacionada a configuração de um PBX-IP.

Menu PBX

Vamos continuar com o projecto iniciado na página xpto, vamos implementar telefonia Digital para uma empresa com o departamento de Recursos,

Continuação da 3ª Fase Configuração. Na Fase de Configuração da Telefonia para o Escritorio.

Recapitulação sobre a distribuição de Telefones.

Quantidades de Telefones e distribuição por áreas:

Um Telefone para recepção.

Um Telefone para sala de reunião.

Um telefones param o Departamento de Recursos Humanos.

Um telefones param o Departamento de contabilidade e finanças.

Um telefone para o Director Geral.

Dois Telefones param área de Engenharia.

Total: 07 Telefones

Os Telefones estão distribuídos pelas diferentes áreas funcionais da empresa. Sendo assim, vamos usar a nomenclatura de números para as extensões e diferenciamos de acordo a área funcional.

Recepção, extensão 100

Sala de Reunião, extensão 200

Direcção de Finanças, extensão 300

Direcção de Recursos Humanos, extensão 400

Gabinete do Director Geral, extensão 500.

Figura X: Quadro de Distribuição de Extensões.

NUMERO EXTENSÃO	AREA FUNCIONAL
100	RECEPÇÃO
200	SALADE REUNIÃO
300	DIRECÇÃO DE FINANÇAS
400	DIRECÇÃO DE RECURSOS HUMANOS
500	DIRECÇÃO GERAL

Nota : Realço que a nomenclatura das extensões possuem um valor hexadecimal e não numérico, podemos associar letras, números e caracteres especiais.

Configuração no Elastix

O Asterisk funciona com qualquer tipo de extensão ou telefone, telefones analógico, telefone IP, Softphone, Smartphone, extensão virtual.

Extensão Generic SIP

Escolhermos a opção Generic SIP e clicamos o botão submit para iniciar criação da extensão baseada em SIP.

Opções do Menu Generic SIP

Clickamos sobre a opção do Menu para verificar o que significa determinado menu. Está funcionalidade chama-se tooltipcontext.

Os principais opções são colocar o numero da extensão, o contexto e a palavra-passe.

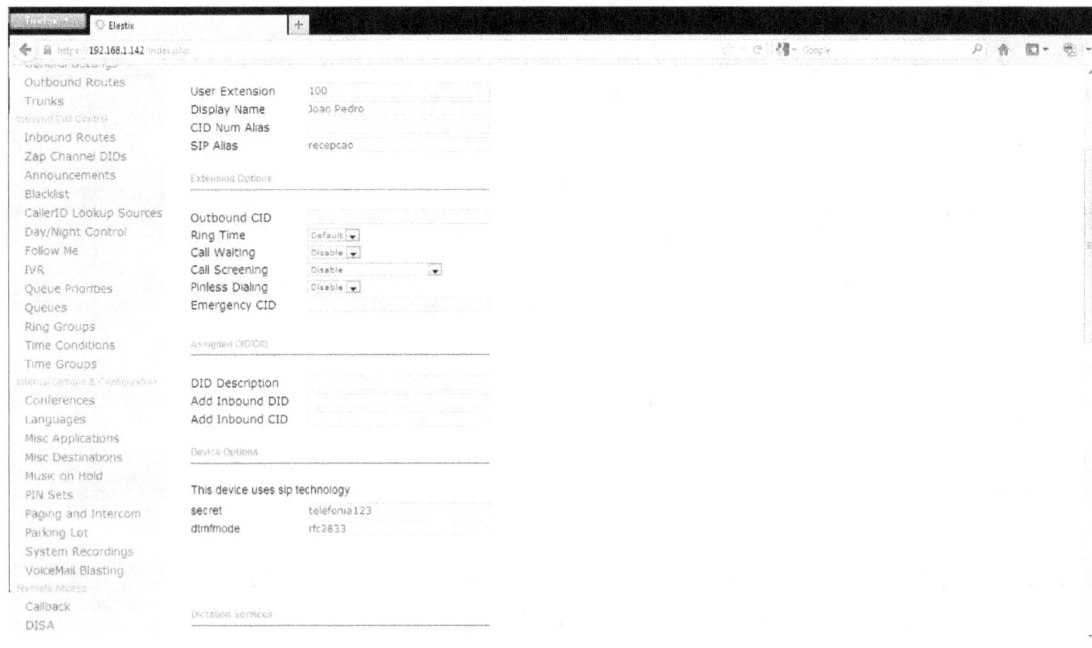

Generic IAX2.

Possuimos as mesmas configurações acima descritas, difere apenas no protocolo de comunicação Voip, realço que o protocolo IAX2 é usado essencialmente usado como gateway para interligar duas redes distintas pela Internet.

Extensão Generic ZAP, o tipo de extensão generic ZAp está ssociado a uma extensão analógica proveniente de uma canal PSTN FXO/FXS, T1 ou E1 que usa a antiga rede PSTN como gateway para as chamadas.

No Presente projecto internamente para a chamada local vamos usar somente o protocolo SIP.

Figura 33: Configuração Geral das Extensões.

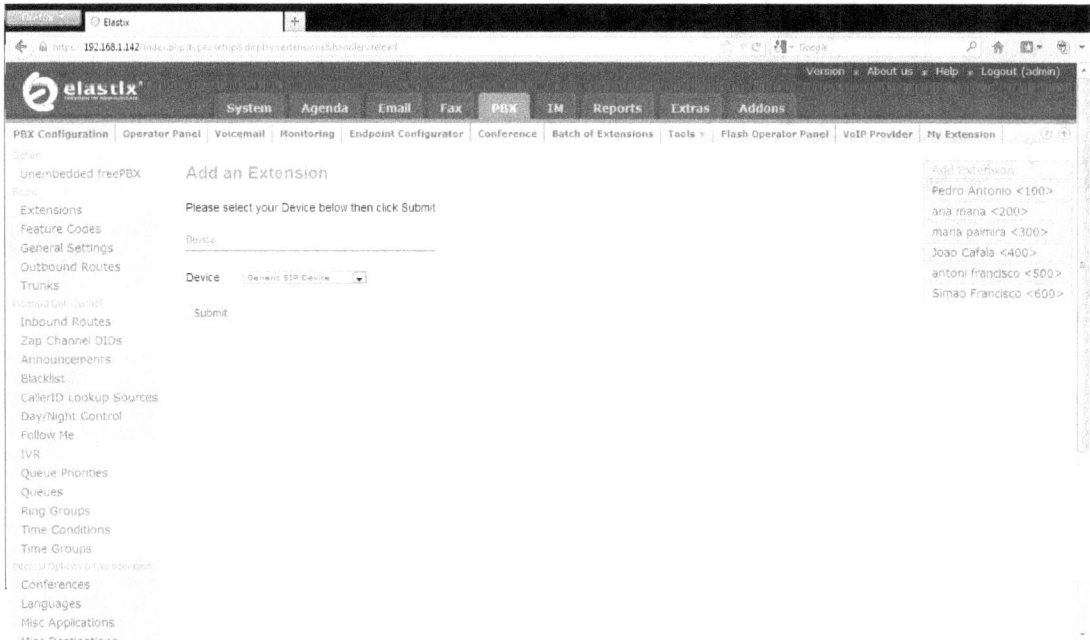

De seguida iniciamos a configuração dos telefones, nesta rede existira um telefone ip na recepção, um telefone ip na sala de reunião, na Direcção de Recursos Humanos, Direcção de Finanças e Sala Técnica de Informática teremos Softphones Opensource para redução de custos. Na Sala do Director Geral teremos o Smartphone do Director geral configurado para receber e efectuar chamadas dentro da empresa. Para efectuar configuração do Software do Smartphone, basta escolhermos determinado Softphone, essencialmente Opensource, como exemplo podemos usar o Softphone 3CX ou o Bria 3, a diferença entre os dois é que o 3CX é software livre e o Bria 3 é comercial e possui mais funcionalidades-

Figura 34: Bria 3 Vs 3 CX

Incluir a figura do Bria 3

Para efectuar configuração do Softphone no Smartphone,

Clickamos em Account e

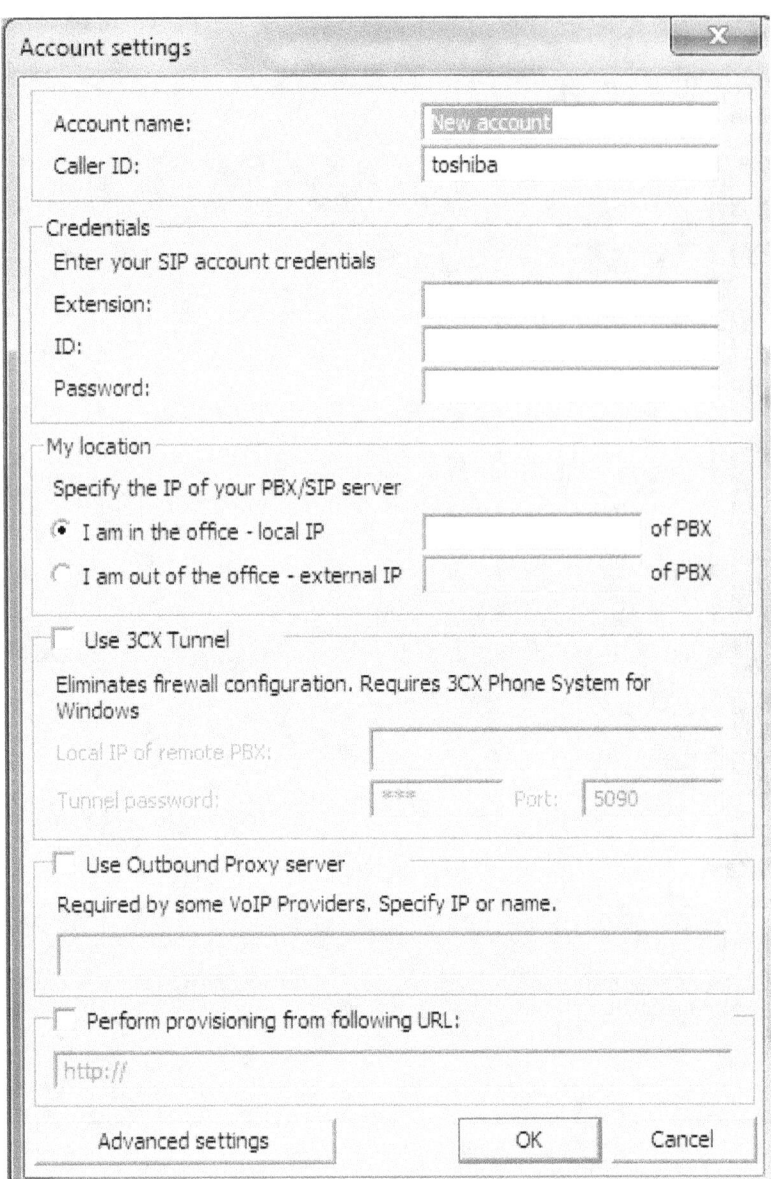

Preenchemos as Opçoes relativas ao PBX-IP, numero da conta SIP, numero da extensão que deverá ser configurada, endereço IP do PBX caso tratar-se do PBX-IP Local e PBX-IP remoto, convém realçar que o PBX-IP remoto poderá ser usado com o endereço IP de uma rede diferente.

Capitulo III: Interligações do Asterisk

As interligações do Asterisk com o potencial de ser um PBX-IP Software livre, possui um grande potencial em termos de interligação com outros sistemas e tecnologias de Telefonia, O Asterisk, sendo o Gateway PBX-IP, possui enorme aplicação em termos de Call Center, Help Desk e pode ser interligado com algumas tecnologias existentes no Mercado. O Presente capitulo aborda somente sobre as Interligações possíveis nos dias de Hoje com a tecnologia do Asterisk

Interligação Asterisk com a Telefonia Tradiconal

Consiguimos efectuar interligação do Asterisk com a Telefonia tradicional, por intermédio de várias tecnologias, nomeadamente. Dispositivos ATA, e Interfaces PSTN. Os Interfaces ATA, interligam a Central Telefonica Analógica à Central Analogica Digital, no nosso caso de estudo o Asterisk.

Com os Interfaces PSTN, podemos interconectar os Telefones analógicos directamente a Central Telefonica Digital.

ATA; é um dispositivo que interliga a central Telefonica analogia à Central Telefonica Digital, a central telefonica analógica poderá ser de qualquer fabricante e a central telefonica digital poderá ser igualmente de qualquer fabricante.

Ao interligar a Central telefonica analógica a central Telefonica Digital por intermedio do dispositivo ATA, podemos controlar todas as funcionalidades da Telefonia Analogica, podemos usar todas as funcionalidades da central telefonica analógica incluindo as funcionalidades e os telefones analógicos, criar canais de comunição externas e interligar diversos provedores. Provedor da rede PSTN fixa, móvel , micro-ondas e VOIP, convem realçar a telefonia Analogica normalmente é super limitada a duas entradas externas para conexão ao provedor e que exclusivamente utiliza provedores da rede PSTN Fixa. Na telefonia IP não possui limites podemos usar interligar a Telefonia analógica e utilizar qualquer canal possível e imaginável para servidor de gateway para interconectar com outras redes mundiais.

Figura 36: ilustração da interligação entre Telefonia Analogica e Digital (IP) por intermédio do ATA.

NOTA: Existem vários provedores de dispositivos ATA.

Asterisk – Asterisk

Interligação Asterisk – Asterisk, na interligação Asterisk-Asterisk, possuem interligação com o protocolo SIP e IAX 2 (Protocolo proprietário da Digium). Nesta ligação os dois extremos têm de comunicar com o mesmo tipo de protocolo. Esta comunicação normalmente pode ser efectuada pela Internet ou por algum link de dados dedicado.

Caso Practo 1 . Comunicação SIP-To-SIP

O Protocolo de comunicação SIP, possui algumas nomalias para funcionar nas ligações Internet, implementação do NAT, normalmente não passam pelas Firewalls. Sendo que para ultrapassar esta dificuldade foi criado pela Digium o protocolo IAX2.

O Protocolo SIP é usado nas comunicações intranet ou Intrasite.

Os Telefones e Softphones SIP, normalmente suportam este protocolo para sinalização do canal de voz.

Figura 19: Ilustração da Comunicação SIP-To-SIP

Caso Practico 2. Comunicação IAX2-To-IAX2

A implementação do protocolo IAX2, pode ser usada para interligação remota entre diferentes gateways. O Protocolo IAX2, devido a segurança e a melhor sinalização de voz normalmente funciona trivialmente com com NAT e passa com facilidade pelas Firewalls. Para interligar o protocolo IAX pela Internet no Elastix, deve ser criado um trunk que suporta o protocolo .

Interligação de um escritório na China e outro Escritorio em Angola, com o canal de voz, com chamadas pela internet.

Escritorio na China

No escritório na China devemos configurar os seguintes elementos de computação.

Instalação e configuração do Servidor Asterisk

Configuração do Router para aceitar chamadas

Instalação e configuração do Servidor Asterisk

Devemos instalar o servidor Asterisk e configurarmos o trunk de chamada com o protocolo IAX2, o servidor poderá ser instalado com IP fixo local e colocado na rede local como PBX-IP para aceitar as chamadas locais.

Configuração do Router para aceitar chamadas

O Router deve possuir IP público fixo e configuramos NAT (Network Address Translation) ao IP do Servidor Asterisk e abrimos a porta correspondente ao protocolo IAX2.

Escritorio de Angola

No escritório de Angola efectuamos as mesmas configurações e configuramos uma VPN (Rede privativa virtual) entre os dois routers para interligar os dois servidores Asterisk, deste modo será permitido efectuar chamadas entre os dois extremos.

Nota: Apos configuração do canal de voz, podemos hablitar outras funcionalidades como o vídeo conferencia, mensagem de texto .

Vantagem

Ligação de voz segura

Rede privativa virtual com segurança IP SEC.

Baixo custo de implementação de chamadas internacional

Pouca interferência no canal de voz.

Comunicação implementação por meio de comunicação Internet.

Desvantagem

Necessidade de conhecimento técnicos sobre routeamento.

Asterisk com Provedor Voip

Podemos conectar o Asterisk a determinado provedor Voip, com interligação SIP ou IAX2,neste caso todas as comunicações externas serão encaminhadas pelo Provedor Voip. O tipo de comutação da comunicação dependerá dos serviços que o Provedor Voip disponibilizar.

Caso practico: Interligação do Escritorio de Angola e da China.

Escritorio de Angola

No Asterisk, criamos uma conta do provedor Voip e associadmos ao nosso servidor Asterisk, criamos um trunk com identificação a indicar que as chamadas serão efectuadas por intermedio deste provedor Voip.

Escritorio da China

Efectuamos o mesmo procedimento para o escritório de Angola. Na configuração do Trunk, indicamos que devemos utilizar a conta do provedor Voip de Angola para efectuar chamadas externas para Angola e o mesmo para o escritório de Angola

Vantagem

Custo das chamadas são grátis.

Facil implementação (deverá apenas criar a conta Voip)

Desvantagem

Canal de comunicação inseguro (As chamadas poderão ser gravadas e interceptadas no provedor-Voip)

As chamadas inbound e Outbound devem ser efectuadas apenas no canal VOIP pela Internet.

Asterisk com o Google Talk

Interligação do Asterisk com o Google Talk, podemos interligar o Asterisk com o Google Talk e baixar radicalmente o custo da comunicação. Usamos o Google Talk como gateway e todas as chamadas que entram e saiem para a empresa ou organização entrão pelo Google talk, as chamadas efectuadas para o Google talk, podem ser enviadas para o PBX da rede local.

Caso Practico: Implementação de PBX-IP com gateway Google Talk

Procedimento para instalação:

Instalar o PBX-IP Asterisk localmente, no site local.

Testar conectividade entre as diferentes extensões no site local.

Criar um trunk e assoaciar ao servidor do Google talk.

Os dois primeiros pontos, estão relacionados com o segundo capitulo do presente elivro. Debrucaremos somente no terceiro capitulo tecnicamente.

Vantagem

A compra dos impulsos são efectuados mediante conta de correio gmail e pagamento por cartão visa , Google checkout ou outro.

As chamadas internacionais são mais baratas em relação aos Provedores tradicionais.

Disponiblidade do serviço 24/24, desde que possui conexão à internet.

Facil configuração e implementação.

Diminui custo de comunicação e implementação.

Dispensa possuir números de telefones para efectuar chamadas entre redes diferentes e internacionais.

Desvantagens.

Chamadas passam pelos servidores Voip do Google. Deve ser implementado com criptografia.

Asterisk com Cisco Unified Comunication

A Maioria dos equipamentos de voz da Cisco, Telefones, Central Telefonica, Router possui compatibilidade com o Asterisk, podemos implementar uma rede Voz da seguinte forma:

Telefones e Softphone Cisco com Servidor baseado em Asterisk.

Router ou Central Telefonica Cisco, com Telefones de outras marcas e softphones opensource.

Asterisk com Operadora de Telefonia Movel

Para interlisgar o Asterisk ao provedor de telefonica móvel, devemos utilizar um gateway GSM, existem vários tipos de Gateway GSM, no presente estudo abordaremos acerca do Go-IP, Existem vários tipos de Go-Ip, GO-IP 1, com uma porta GSM, que suporta um cartão SIM, GO-IP 4, com quatro canais GSM e suporte quatro cartões SIM. Entretanto, na instalação deste Go-IP, podemos possuir vários operadores de Telefonia móvel que suportem cartões SIM.

Asterisk com Operadora de Telefonica Fixa.

Caso 1

Podemos interligar o Asterisk com a Operador de Telefonia fixa por intermedio de interfaces FXO/FXS que permitem acoplar interfaces RJ 11. Na Telefonia fixa normalmente usa-se tecnologia ADSL, suporte de cobre e a terminação é RJ 11, nestes casos a interligação é implementação com suporte a interfaces FXO/FXS, ligados directamente no PBX-IP, devemos configurar ou associar um trunk a determinado canal.

Caso 1

Em outro caso de implementação da voz por meio de fibra Optica, podemos possuir duas variantes um Mux(Cliente SDH) que permite o interface E1/T1, e vamos interligar o Mux a nossa central telefonica com conector E1/T1 com capacidade de 2048 Kb/s. Entretanto, a nossa central telefonica deverá suporta o interface E1/T1.

Caso 3

O Mux, suporta interfaces FastEthernet, colocamos um modem de telefonia para o Interface FastEthernet (RJ45) e converte para portas de voz RJ 1, neste caso a nossa central telefonica deverá possuir o interface FXO/FXS.

Asterisk com Skype.

A interligação do Asterisk com Skype foi interrompida seis meses apos compra do Skype pela Microsoft. No presente momento não existe interligação do Asterisk com o Skype

.

Asterisk com Apple Face time

No presente momento a Apple não lancou integração do Face time com o apple face time. Esta integração irá permitir unir o Smartphone Iphone 5, com a central telefonica Asterisk e permitir chamadas Voip e vídeo pela Internet, pela rede cabeada, wi-fi ou wimax. De acordo a Apple o trabalho encontra-se em curso.

Asterisk com o Viber

No prosente momento o Asterisk não possui integração com o viber. O Viber possui servidores Voip que utilizam os números de telefones das Operadoras para registar-se no servidor Voip e efectuar chamadas Voip pela internet.

Asterisk com oovoo

Oovoo é um serviço como o Skype ou Google Talk, com protocolo proprietário como o Skype. No presente momento não existe integração entre o oovoo e o Skype e não existem estudos para o fazer.

Asterisk com MS Active Directory, LPAD e Samba

Associar o Asterisk com o Active Directory da Microsoft, para disponibilizar os recursos do Asterisk ao logar-se no Computador dár possibilidade de efectuar chamadas a partir de conta de utlizador. Para tal devesse-se criar um Softphone com propriedades definidas para interagir com o MS Active Directory .

Asterisk e Microsoft Outlook

A aplicação OutCall, permite integrar perfeitamente o Outlook ao Asterisk, permitindo efectuar chamadas de voz a partir do Microsoft Outlook.

Poderá efectur o download da Aplicação em: http://code.google.com/p/outcall/

Asterisk e MySQL, PostGRESQL e UNIXODBC

O Asterisk possui integração completa com os Gestores de Base de dados MySQL e PostGRESQ. A integração com o Asterisk e os Gestores de base de dados, forneci enormes funcionalidades no sentido que podemos desenvolver a aplicação que quisermos, desde um portal web e aplicação do Gestão de base de dados e incorporar as funcionalidades do Elastix.

http://asteriskdocs.org/en/3rd_Edition/asterisk-book-html-chunk/Clustering_id282554.html

http://asteriskdocs.org/en/3rd_Edition/asterisk-book-html

chunk/Clustering_id282554.html#Clustering_id36060940

http://asteriskdocs.org/en/3rd_Edition/asterisk-book-html-chunk/asterisk-DB.html

http://www.unixodbc.org/

Asterisk e Oracle 11 g

A integração do Asterisk com oracle é efectuada com instalação da Gestor de Base de dados Oracle 11 g juntamente com o módulo mod-plsql, para permitir completa integração entre o Asterisk e Oracle.

http://docs.oracle.com/cd/A97338_01/doc/apache.13/a83590/tutorial.htm

Asterisk e MS SQL Server 2012

A integração entre o Asterisk e o MS SQL Server 2012 é possível pela instalação do driver UnixODBC que permitira integrar o Gestor de Base de dados ao Asterisk. Poderá ser efectuado implementando o servidor e o Gestor de base de dados em Sistemas Operativos diferentes e interliga-los somente pelo driver ODBC.

http://www.voip-info.org/wiki/view/Asterisk+app_dbodbc

http://www.voip-info.org/wiki/view/FreeTDS

http://www.freetds.org/

Asterisk e SAP

A integração do Asterisk com SAP é possivel pela integração do Asterisk com o oracle e com a linguagem do programação Java, uma vez que o SAP, funciona tanto com Oracle e com o Java.

http://www.asterisk-java.org/development/

http://www.voip-info.org/wiki/view/Asterisk+AGI

Asterisk e .Net

É possivel desenvolver aplicações baseado em Asterisk com o visual Studio da Microsoft para aplicações .Net com o modulo http://asternet.codeplex.com/

Asterisk e Dynamics CRM

A integração do Dynamics CRM e o Asterisk é suportada directamente pelo Dynamics CRM

Asterisk e OpenERP

Asterisk possui total integração com o Open ERP pelo modulo Asterisk Click 2 dial.

https://www.openerp.com/apps/trunk/asterisk_click2dial/

https://www.openerp.com/apps/trunk/asterisk_click2dial/

Asterisk e Sugar CRM

Sugar CRM é nativamente integrada com o Asterisk com determinado modulo.

http://www.sugarforge.org/news/post.php?forum_id=5224

Asterisk e Opentaps ERP/CRM

Asterisk integra complementamente com o aplicativo de ERP e CRM.

http://www.opentaps.org/docs/index.php/Opentaps_Asterisk_Integration

Asterisk e Amazon EC2

Asteris integra completamente com os services de amazon ec2.

http://www.opentaps.org/docs/index.php/Opentaps_Asterisk_Integration

Capitulo IV: Tecnologias Wan e Telefonia.

PSTN

A Public Switched Telefony network ou POTS é a antiga rede de telefonia que possui como base tecnologia o meio de tranposte cabo de cobre.

Possui velocidades muito base apartir de 64 kbit/s para transmissão do sinal da voz, esta tecnologia WAN, ainda é usada pelos Operadores em todo o mundo, a rede PSTN deu origem a outra tecnologia chamada ADSL.

Serviços prestados: Voz, dados, internet

Vantagem
- Existe em grande percentagem
- Cobertura a nível nacional
- Rede mais antiga

Destangem
- Velocidade inicial de 64 Kbit/s
- Projetada essencialmente para rede de voz.

ISDN

É a rede revolucionara da rede DSL, usava modens que permitia o aumento da velocidade da rede até 2560 Kb/s. No nosso País está tecnologia não foi implementada.

DSL –Digital Subscriber Line

A Tecnologia DSL, está dividida em ADSL e DSL, a diferença é que a ADSL, é Assyncronous e DSL é síncrona ou seja a primeira possui velocidade Assincronica, a velocidade de upload é diferente da velocidade de download. Na DSL síncrona a velocidade de upload e download são iguais.

É a rede que usa a infraestrutura da antiga PSTN, como meio de transporte o cobre da antiga rede de Telefonia PSTN/POTS, a rede ADSL, funciona com modulação do sinal de voz em vários frequências, devido a inovações no modem da ADSL, permite velocidades de até 8 Mb/s.

Tipos de ADSL

xDSL, VDSL, HDSL

Vantagens

- Conexão permanente a internet
- Custo baixo de adesão

Desvantagens

- Pouca segurança

TV Cabo

A Rede de TV cabo, tecnologia o meio de transmissão é o cabo Cat 59, usado igualmente nas instalações de câmara de vídeo analógica, possui pouca possibilidade de interferência externa e o ideal para transmissão de sinais. A Rede TV cabo possui modems de sinal de dividem os sinais em frequências e separam o sinal da Internet e o sinal de televisão.

A rede é extendida com repetidores de sinal, e possui centrais por zona de transmissão de sinais.

Tecnologias: Cat 59, Modem, Repetidores, Central de TV Cabo, Operador de TV Cabo.

Vantagens

- Conexão permanente
- Possui resistência a interferência externas, principalmente intempéries, chuva, sol.

- São facilmente craqueadas, desviadas.
- Modem podem ser sabotados para transmissão do sinal sem pagamento.

SDH /SONET

É a rede de principal de qualquer Operador, o meio de transmissão é a fibra optica e usa moduladores de conversão de fibra optica, normalmente os modem SDH, possuem interfaces de fibra optica, Gigabit/FastEthernet e Ethernet, E1, etc.

PPP/HDLC

PPP, é o link Wan que usa o protocolo point to point protocol, este é um link transparente que a configuração é automática para o cliente. No Point to point protocol, no CPE do cliente é configurado para suportar a ligação ponto a ponto do cliente.

Vantagem

- Facilidade de configuração na parte do CPE do cliente final.

ATM – Autonomous Transfer Mode

A Rede ATM funciona com celulas ATM, que permite comutação de circuitos virtuais para comunicação de determinação pacote dentro da Rede.

Frame Relay

A rede frame relay, é a rede que transmite os pacotes em circuitos virtuais frame relay. O elemento principal na rede Frame Relay é o Switch Frame Relay.

Wi-Max Worldwide Interoperability for Microwave Access

Rede Wi-Max, é uma rede microondas que funciona com antenas Wi-Max, para transmissão dados em pacotes por microondas.

Vantagem

- Facilidade de implementação.
- Alcança grandes larguras de banda acima de 46 Kbit/s
- Atinge até 74 Km de espectro.

Desvantagem

- Necessidade de licenciamento.
- Tecnologia para implementar Backbone Wimax é cara.

Wi-fi

A rede Wi-fi é baseada no padrão 802.11, para transmissão de rede microondas de relativamente curta frequência. As frequência vão desde 2.4 GHz à 5.8 GHz, sendo que a maioria dos dispositivos portáteis e placas de rede Wi-fi encontram-se na faixa de frequência populada de 2.4 à 2.7 Ghz. O Padrão actual é o 802.11 n, com a implementação da tecnologia MIMO (Multiple input e Multiple output) que permite velocidades até 600 Mb/s. Quanto a tecnologia, existem vários tipos de antenas, antenas unidirecionais e antenas omnidireccionas. As antenas unidirecionais são instaladas com linha de vista as antenas omnidirecionais possuem o factor de transmissão da partícula microondas em angulo de 360 graus.

Vantagem

- Não necessita de licenciamento para implementação.
- Implementação de Backbone são baratos em relação ao concorrente Wimax

Desvantagem

- Possuem imensa interferência por estarem superpopuladas e não precisarem de licenciamento.

UHF/VHF

As ondas de radio de longo baixa frequência e longo espectro são denominadas UHF/VHF, são as mesmas ondas de rádio usadas pelas estações de radio, televisão e pelos militares, estas ondas de radio percorrem milhares de kilometros e as modulações actuais permitem efectuar modulação de ondas de rádio para transmissão de pacotes IP, com velocidades de até 2 Mb/s.

Vantagem

- Um modem de rádio permite possuir mais de 42 estações de rádio ou seja permite conectar mais de 42 terminais IP, e transmitir dados pela mesma rede.
- Facilidade na montagem de central de ondas de rádio.
- Facilidade de montagem de sites remotos.

Desvantagem

- Necessidade de licenciamento para poder usar as frequências de rádio.

Satelite

Os Satelites funcionam com antenas transmissoras/receptoras especificas em sistema geoestaciorio que giram em redor e com o Planeta terra. O Sistema de Satellite compreende as Antenas na terra, o Satellite no espaço geoestaciorio e a central de Administração do Satellite, principalmente localizada em terra. A comunicação é efectuada em modo full-duplex entre as antenas na terra e o satellite no espaço.

Vantagem

- Facilidade de implementação.
- Fiablidade da comunicação, porque estações terrestes comunicam directamente com o espaço geoestacionário.

Desvantagem

- Custo elevado de aquisição
- Comunicação com canal privativo.

NGN

Next Generation Network, é um termo que indica a convergencia de todos os serviços para a rede IP, ou seja a emissão de vídeo, voz, imagem e texto sobre uma rede IP. A Cisco System é a empresa principal por detrás do surgimento da Next Generation Network.

Vantagens
- Convergencia de serviço de rede.
- Simplicidade de implementação e maior integração.

Desvantagens
- Custo de aquisição elevado

GSM /3G– Global System for mobile

Sistema Global para Comunicações Moveis, implementado espeficamente para as empresas fornecedoras de serviços de telefonia movel

4G/LTE

É evolução da GSM, que permite integração com a rede IP, funciona com modens específicos no CPE que permitem transmissão de Voz pela rede IP.

VPN (Virtual Private Network)

Permite criar redes virtuais privadas pela rede publica internet, estais redes são criadas com encriptação do canal de comunicação entre o emissor e o receptor, é usada encriptação IPSEC ou SSL2.

Existem dois tipos de rede VPN na implementação, VPN com encriptação de um provedor e VPN com encriptação autogerada.

Quanto ao tipo de Tecnologia

VPN Hardware e Software(Appliance).
Hardware, são equipamento que permitem interligar redes geograficamente separadas pela meio de comunicação internet, Exemplo: Router, concentrador de VPN.

É implementação de VPN por Software, A VPN por software de acordo ao tipo de encriptação está dividida em duas, aquela que existe um provedor que controla a encriptação da VPN e aquele em que a VPN é controlado pelo emissor emissor e o receptor sem intermédio de um operador.

O Segundo tipo de VPN é mais seguro porque controla melhor o canal de encriptação.

Capitulo V: Hardware de Telefonia

Hardware de Telefonia é todo aquele Harware utilizado para implementar uma rede de Telefonia integrada.

Central Telefonica Analogica

Existem no mercado Centrais Telefonicas Analogicas que funcionam com a cablagem cat 3, e usam conectores RJ 11

Central Telefonica Digital

Central telefonica digital, usam a tecnologia Ethernet e normalmente são Voip,

Central Telefonica Customizada/OpenSource

Central Analogia customizadas, são aquelas fabricadas de acordo a determiando Software. Existe o Servidor Asterisk e aplicações deverivadas que com qualquer Hardware podemos implementar uma central Telefonica Digital Voip. O Servidor Asterisk Gateway, permite interligar diferentes redes seja analógica ou digital, incluindo redes Voip com diversos implementações de protocolos.

Gateway

Adaptador PSTN/POTS
Possiblita ao Servdor Asterisk, usar a rede PSTN/POTS (Telefonica Fixa) como gateway para efectuar chamadas para o exterior.

Gateway GSM
Possiblta ao Servidor Asterisk, usar a rede GSM (Telefonia Movel) como gateway para efectuar chamadas para o exterior e outras redes.

Adaptador que uni a Central Analogica a Central e a Central Digital. Uma vez conectadas pode-se usar os recursos da Central Analogicas, os canais de comunicação e os telefones analógicos e interconectar com os restantes equipamentos da rede.

Telefones Analogicos

São os antigos telefones que usam o interface RJ11 e usam modulação do sinal

Telefones Voip

São os telefones modernos que funcionam com tecnologia Ethernet, RJ 45. Funcionam com o endereçamento IP. Normalemente funcionam com o Protocolo SIP, proprietário (Cisco) ou IAX2

Softphones

É a implementação de Telephone Voip em Software, É um programa(Software) que pode ser instalado em Smartphone, Tablet, PCs, Portateis, Workstations e Servidores e possibilita efectuar chamadas para rede VOIP e outras redes conectadas.

Smartphones

É um telefone com computação, possui processador e memoria e é implementado como um computador permite executar vários programas (aplicações) simultaneamente. Pode-se instalar um determinado Softphone e falar para uma rede Voip interna ou interna ou para qualquer uma rede ligada a rede VOIP.

Tablets

É um microcomputador com computador, sistema Operativo, memoria e espaço em disco, que permite executar vários programas (aplicações) é uma implementação maior que o

Smartphone e uma vez instalado um Smartphone, podemos efectuar chamadas para qualquer rede.

Computadores (Portateis, PCs, WorkStation, Servidores)

Podemos instalar o Softphone em PCs, Workstations, Thinclients, Servidores e efectuar chamadas dentro e fora das redes que estiverem conectadas a rede Voip.

Capitulo VI: Negócios de Telefonia

Negocios de Telefonia, são aqueles produtos e serviços que podemos criar por intermédio da aquisição dos conhecimentos apreendidos ao longo do presente livro.

Phone House

Podemos criar uma phone house, para efectuar chamadas telefónicas.

Implementação

Portateis com Softphone

Servidor Asterisk conectado a rede PSTN (Angola Telecom ou Mercury) ou GSM (Movicel ou Unitel)

O Servidor Asterisk é configurado com canais Outbound e inbound conectados aos provedores Angola Telecom, Mercury, Unitel e SM

No Servidor Asterisk são gerenciados os Tickets necessários param efectuar as chamadas telefónicas.

Os Tickets são criados com o parâmetros minutos de acesso a rede com determinado valor.

As chamadas podems ser configuradas, chamadas nacionais na mesma rede um determinado valor

Chamadas nacionais com rede diferentes outro valor

Chamadas internacionais outro valor.

Configurasse uma impressora de linha para imprimir os Tickets e a medida que os clientes comprarem os Tickets de acordo as necessidades de telefonia do cliente relacionado ao numero de minutos que queira comunicar.

Lan House

A Lan House, possui vários serviços, podemos usar a lan house para efectuar chamadas, aceder a internet,

Orelhão

Implementação de Servidor Asterisk associados a telefones públicos.

Passos para implementação.

Criasse um posto associado a um pequeno PC e um telefone analógico ou Digital. Servidor do Asterisk é instalado no PC, e está ligado a rede PSTN (Angola Telecom, Mercury) ou GSM (Unitel , Movicel). O Cartão para efectuar chamadas pode-se comprar em qualquer posto de venda , posto de combustível ou loja de conveniência.

O Utilizador compra o cartão dirigissse ao Orelhao, coloca o código do cartão de efectua a chamada de acordo ao numero de minutos ou UTT referenciado no Cartão para determinado rede.

Nota : Poderá envolver autorização e licença do INACOM para instalação

Hot Spot Wi-Fi (Não necessita licença INACOM)

A implementação do Hot Spot, funciona com a tecnologia wi-fi, 802.11 a/b/g/n, está tecnologia permite criar redes abertas wi-fi para navegação na interne.

Impleementação

Implementa-se determinada rede wi-fi para determinado bairro ou localidade, os Computadores clientes wi.fi acedem a este rede apenas com as placas wireless wi.fi não sendo necessário o uso de determinada placa de rede especial.-

A rede wifi, é aberta e esta associada a um portal de internet, os clientes acedem ao portal da internet e são encaminhados para comprar saldo para navegar durante o tempo que quiserem.

Formas de pagamento, pode-se pagar por cartão visa, cartão de navegação de internet ou outro.

O Cliente efectua uma das formas de acesso, acede ao site e é criado uma conta associado a um código com determinado tempo de navegação, a navegação sem limite de tempo possui normalmente grande largura de banda e sem limite de download.

Nota: Não precisa ter licença.

Operadora de Telefonia (Movel e Fixa). (Licença INACOM)

Operador de Telefonia Movel ou Fixa, utilizam tecnologias especificas como SDH/SONET, PSTN, GSM que necessitam possuir licença. A Operação destas companhias depende normalmentede regulamentação governamental

Operadora Voip(Não necessita Licença)

Operador de Telefonia VOIP, possui tecnologia VOIP interligada a Sistema de Rede PSTN ou Rede GSM (Movel),

Implementação:

Deve ser implementação servidor Voip, como o SIP Server, Asterisk ou outro, e conectado a rede PSTN ou móvel GSM.

Deve ser implementado um cliente Software, como no caso do Skype, oovoo. O Cliente é instalado no PC, Smartphone, tablet.

O Softphone cliente instaldo no PC, Smartphone ou tablet o utilizador ao discar encaminha a chamada para o servidor ou servidores centrais que o mesmo encaminha a chamada para a rede Voip ou PSTN de acordo ao encaminhamento da chamada.

Para efectuar as chamadas os clientes devem possuir saldo ou efectuar carregamento de saldo que normalmente é obtido por cartão visa ou similar.

Nota: Operador VOIP, não precisa licença, porque não usa frequências microondas proibidas ou que carecem licença. A implementação da tecnologia funciona como Gateway entre a internet e as redes de outros Operadores.

Provedores de Canal Voip.

Alguns Provedores Voip, funcionam como gateway apenas, funcionam a nível da internet e permitem montar um sistema Voip baseado na internet e trabalham como gateway para qualquer rede mundial.

Operadora PSTN (Licença INACOM)

OS Operadores PSTN, dividem-se em Operador Fixo e móvel ou a combinação dos Dois. O Operador Fixo, funcionam a tecnologia PSTN e derivados. O Operador Movel funciona essencialmente com a tecnologia GSM - Global System Mobile.

Nota: Para

Angola Telecom (Operador Telefonia Fixa)

Mercury (Operadora Telefonia Fixa)

Unitel (Operadora Telefonia Movel)

Multitel (Operadora Telefonia Movel)

Serviços : Internet, Voz, Dados (VPN).

Operadora Wi-Max (Licença Inacom)

Funciona essencialmente com a tecnologia Wi-max e necessita licença para montar infra-estrutura e inicio da prestação de serviços. Exemplo : NetOne.

Netone (Operadora Wi-max)

Serviços : Internet, dados (VPN) , voz.

Empresa de Criação de Produtos Tecnologicos

Produtos Comunicação de Voz

Servidor de Voz, Switch de voz, central telefonica e diverso Hardware.

Produtos de Comunicação Unificada

Criar produtos de comunicação unificada como produtos que suportem comunicação unificada, voz, vídeo, texto, mensagem instantânea, e vídeo conferencia.

Produtos de CCTV

Criar Servidores de CCTV e Camaras de Video que funcionem pela web com implementação do protocolo https

Consultor de Integrações de Telefonia

Desenvolvimento de customizações do Asterisk, interligação do Asterisk com Base de dados MS SQL Server e Oracle, para criar produtos customizados para comunicação dentro de determinada empresa com o ERP System Local.

Desenvolvimento de customizações para Interligação do Asterisk com diversos produtos de ERP System como Microsoft Dynamics, SAP, Oracle JP Edwards, Etc.

Apendice A

Operadores de Telefonia em Angola

Angola Telecom

Angola Telecom é a Operadora de Telecomunicações principal de Angola. Possui rede SDH com cobertura nacional com meio de transporte fibra optica. A maior desafio a rede SDH de Fibra da Angola Telecom são as topeiras que comem os fios em algumas extensões, em algumas áreas remotas de Angola.

Operadoras Comparticipadas da Angola Telecom

TV Cabo, Operadora de TV por cabo, a rede da TV cabo depende exclusivamente do trafego proveniente da Angola Telecom.

InfraSat, a Infrasat é a Operadora Satelite da Angola Telecom, o Canal de Satelite da Angola Telecom é gerenciado pela Infrasat.

Cabo de Fibra Optica Internacional

O Cabo de Fibra Optica de comunicação internacional que passa por Cacuaco é gerenciado pela Angola Telecom. Este Cabo é o canal de comunicação primário a nível nacional que permite comunicação Integrada, Internet, Voz, Dados (VPN), embora esteja subaproveitado.

A Angola Telecom possui, dois canais um primário, pelo cabo de fibra optica internacional localizado no Cacuaco e outro Secundario que é proveniente do canal alugado no Satelite.

MS Telecom

MS Telecom é a Operadora de Telecomunicação da Sonangol, responsável por fornecer serviçoos de Telecomunicação as Empresas Petroliferas e outras que funcionam no mercado petrolífero. Ultimamente tem fornecido serviço de telecomunicação para qualquer entidade privada que solicitar.

Operadoras Comparticipadas MS Telecom

A MS Telecom adquiriu a ACS (Angola Comunicação e Sistema), Operador Microondas.

NetOne , Operadora Wi-Max, foi criada especificamente pela MS Telecom para Operarar com Tecnologia Wi-Max

Unitel

Unitel, primeira Operadora Movel nacional, funciona a tecnologia GSM por TDMA (Time Division multiplexion Acces) e derivados no presente momento operam com 3G/GSM.

Unitel é uma Empresa Estatal criada com fundos da Sonangol, durante alguns anos partilhou o PCA com a Sonangol.

Movicel

Unitel, é a segunda Operadora Movel nacional, funcionava com a Tecnologia GSM/CDMA (Code Division Multiplexion Access), tecnologa mais estável que a TDMA, embora tivesse sido obrigada a deixar de usar esta tecnologia por motivos desconhecidos.

Startel

Operadora de Telefonia Fixa

Tecnologia: VSAT , Fibra Optica

Dependente : Angola Telecom

Serviços: Internet, Voz, VPN (Dados)

Outras Operadoras

ITA(internet Tecnologies Angola)

Operadora de serviços essencialmente de Internet.

Multitel

Operadora de serviços de internet e vpn dados.

Net Zip

Operadora de serviços internet por Wi-max, Wi-fi e Satelite

Bibliografia

Referencias bibiliograficas

Elastix Unified Communication Vol 1 e Vol 2

Asterisk The Future of Telephony Version 2, 3 e 4

The Essential Guide to Telecommunication Version 2

Introduction to Telecommunication Networks Engineering

Telecommunications Demystified

Sites

www.wikipedia.com

www.elastix.org

www.asterisk.org

www.digium.com

www.telcomhistory.com